U0159139

通用人工智能

田杰华　易欢欢 / 著

中国出版集团

中译出版社

图书在版编目（CIP）数据

通用人工智能 / 田杰华，易欢欢著 . -- 北京：中
译出版社，2023.10
ISBN 978-7-5001-7430-1

Ⅰ . ①通… Ⅱ . ①田… ②易… Ⅲ . ①人工智能—研
究 Ⅳ . ① TP18

中国国家版本馆 CIP 数据核字 (2023) 第 112675 号

通用人工智能
TONGYONG RENGONG ZHINENG

著　　者：田杰华　易欢欢
策划编辑：于　宇　李梦琳
责任编辑：于　宇
营销编辑：马　萱　钟筏童
出版发行：中译出版社
地　　址：北京市西城区新街口外大街 28 号 102 号楼 4 层
电　　话：（010）68002494（编辑部）
邮　　编：100088
电子邮箱：book@ctph.com.cn
网　　址：http://www.ctph.com.cn

印　　刷：北京中科印刷有限公司
经　　销：新华书店
规　　格：710 mm×1000 mm　1/16
印　　张：21.75
字　　数：197 千字
版　　次：2023 年 10 月第 1 版
印　　次：2023 年 10 月第 1 次印刷

ISBN 978-7-5001-7430-1　　　　定价：89.00 元

序一

通用人工智能的前景和
对中国的战略意义

随着生成式人工智能的突破，通用人工智能作为当今世界科技领域的最重要的热点之一，人类社会正迎来第四次科技革命。未来，通用人工智能技术在工业、农业、医疗等各个领域具有广泛的应用前景，将带来更高效、更智能的生产方式，为社会增添更多便利和福祉，还将改变人类的生活方式，重塑全球产业格局，推动经济社会的全面升级和跨越式发展。

信息科技革命是人类历史上一场影响深远的革命，从人类制造第一台电脑开始，逐步演化为当前智能时代。第一台通用计算机埃尼阿克（ENIAC）是一个巨大设备。随后，计算机的发展逐渐趋于小型化和智能化，从大型机到小型机，再到个人计算机，人类逐渐体会到了计算机带来的便利和效率提升。20世纪60年代末，互联网的雏形开始出现，并在20世纪90年代迎来热潮。21世纪初，移动互联网和智能手机的出现进一步推动了信息科技的发展。随着 4G 技术的普及，云计算、大数据开始兴起。2022 年，生成式人工智能技术的突破，标志着信息科技革命迈入通用人工智能阶段，智能经济发展将迈上新台阶，推动经济、社会更深入、全面的智能化升级。

科技革命离不开创新的推动，放眼全球，许多大型科技公司和初创企业、科研机构均致力于通用人工智能技术的研发，投入了大量资源用于算法研究、数据处理和硬件开发。中国在通用人工智能领域的技术创新处于全球领先位置，中国的企业、高校、其他科研院所积极开展相关研究，为通用人工智能的发展做出了重要贡献。中国完善的创新生态系统，包括创业孵化器、科技园区、投资基金等，为通用人工智能创新提供了良好的环境和支持，我们很欣喜地看到，众多创新企业和初创公司在中国涌现。中国拥有庞大的人口和市场规模，为通用人工智能的应用提供了广阔的场景和需求。在医疗保健、金融、零售、交通、智慧城市等领域的丰富应用场景为中国通用人工智能技术的应用提供了深厚的土壤。

以通用人工智能为代表的第四次科技革命对中国战略意义巨大。当前我们正处在产业升级、经济转型的关键时期。通用人工智能技术将推动传统产业向智能化、数字化转型，提升生产效率和产品质量。通过引入通用人工智能技术，传统制造业可以实现自动化生产、智能供应链管理，提升竞争力，为中国经济注入新的增长动力。通用人工智能作为一项创新性技术，将成为中国创新驱动发展战略的重要支撑。通过加强创新研究和技术转化，中国能够在全球通用人工智能产业链中占据重要位置，并推动国内企业走向国际舞台，打造具有国际竞争力的企业和品牌，这将有助于提升中国在全球科技创新和产业链中的地位，实现更高质量、更高水平的发展。

当此之际，《通用人工智能》一书的出版，恰逢其会地为我们提供了历史、技术、生态、全球比较、未来趋势等角度，为我们更全面了解通用人工智能发展、了解全球通用人工智能的现状和差距，提供了全面的视野和分析，同时书中还展望了通用人工智能的未来趋势，探讨了可能的发展路径和挑战，希望有助于为各界提供决策和规划的参考。

王忠民

全国社保基金理事会原副理事长

序二

人工智能引领新工业革命

随着人工智能研究公司 OpenAI 开发的 ChatGPT "降生"，人工智能（Artificial Intelligence，简称为 AI）行业经过 70 多年的发展，正逐步跨入通用人工智能时代。ChatGPT 是通用人工智能发展的奇点和强人工智能即将到来的拐点，标志着一场超越互联网的产业革命的到来。

为什么说 ChatGPT 是通用人工智能呢？ChatGPT 用一套模型、算法、数据，基于大模型解决了所有自然语言理解的问题。大模型是超级人工智能到来的拐点，也是通用人工智能发展的基点。ChatGPT 从感知进化到了认知，能够理解文字、语言、分析、规划，这对传统人工智能是一场颠覆性的革命。原来的人工智能是弱智能，带来的影响有限，而大模型属于通用人工智能，在很多维度上已经超越了人类。这次 GPT 出现，最大的意义是人类第一次把所有知识进行了重新编码和存储，以 GPT-4 为代表的人工智能大型语言模型（LLMs），不再是简单的搜索引擎和聊天机器人，其背后是一个"超级大脑"，能够把人类的知识重新理解，这是一个巨大的拐点。这就像从猿到人的过程中肯定有一个临界点，当大脑的神经网络链接数目、脑细胞数目等多到一定程度时，人的智力和动物相比就产生了质的飞跃。

大模型到底有没有门槛？开发大模型可以分为五个步骤：第一步，构建一个大模型；第二步，无监督学习，把知识灌进大模型；第三步，监督微调，强化学习，做人工知识标注；第四步，价值观纠偏；第五步，上下文学习，在用户使用场景中不断地迭代优化大模型。这五步中，数据、训练方法和场景，是大模型能否做成功的关键。大模型的底层架构、技术原理都差不多，今天大模型的竞争主要集中于用什么数据来进行训练，以及用什么样的训练方法来提升模型的能力。美国的微软（Microsoft）、谷歌（Google），国内的百度，这些做搜索引擎的公司都在研发大型语言模型。三六零这些年在搜索上的积淀，让我们拥有了大规模、多样性、高质量的训练语料，具备很多公司不具备的数据获取和清洗能力。

大模型将会带来一场新工业革命，能够像"发电厂"一样，把从前难以直接使用的大数据加工成"电"，赋能千行百业。过去很多人执迷于大数据，但不知道怎么用，大数据很像工业时代的石油，大模型像发电厂，把数据变成数据链，输送给百行千业。

甚至，所有的行业在通用人工智能大型语言模型的加持之下，都值得重塑一遍。过去我们讲互联网思维，未来可能叫大模型思维，过去我们是讲"互联网+"，以后可能是"人工智能+"。或者以后人工智能这个词改一下，新的人工智能可以叫"认知型人工智能"，或者叫"生成式人工智能"，或者叫"大型语言模型人工智能"，跟原来老的人工智能概念不太一样。未来人类在人工智能的基础上构建数字化的新场景，能够做到事半功倍。大模型是生产力工具，在大模型推动下，智能化才是数字化的高峰。

中国已经进入"百模大战"，基础能力各家都差不多，接下来就是场景的比拼。人工智能不是闭门造车，要和用户、场景结合才行，没有场景的大模型是没有生命力的。微软率先把人工智能接入了自己的"全家桶"。2023 年 6 月，三六零也已经宣布将自研大模型"360 智脑"接入旗下全端应用。百度、腾讯、头条、阿里都会先用 AI 能力赋能自己的固有场景，下一步真正比拼的是应用落地的能力，就是如何使 AI 让普通人、普通企业用得方便、用得简单。

大模型的发展水平关系到国家生产力水平，直接决定未来下一个十年国家间的科技产业差距，因此中国一定要迎头赶上。中国在工程化、产品化、场景化、商业化等方面有自己的优势。中国发展大模型相关技术首先要做到开放，数据互联互通，其次产学研各界需通力合作，避免重复造轮子，再次需要开源，用开源社区的方式，集中力量办大事。再次，需要发挥高质量的人口红利，让人工智能训练师成为下一个热门职业。最后一定要走软件即服务（SaaS）化路线，让大模型技术低门槛地接入各行各业。目前从第三方测评情况我们可以看出，国产大模型在部分能力表现上已经追平国际水平。

未来多模态是大模型发展的必经之路，也是后 GPT 时代国产大模型弯道超车的关键所在。大模型发展到现在，有一个巨大的方向，就是它要从单一的识别文字到能够识别图片、视频、语音，就是我们所说的多模态，GPT-4 最重要的变化是拥有了多模态的处理能力，未来 GPT-5 一定是全面支持多模态的。围绕文字能力的竞争已经告一段落，剩下的就是靠不断地微调训练数据，微调训练的标注题目，聚焦多模态竞争。对国产大模型来说，谁能拥有真正的多模态能力，谁才能率先实现弯道超车。

大模型是人类历史上最重要的工具，但不是每个人都能成为提示器（Prompt）专家，所以我认为未来 AI 数字人应该是大模型最重要的承载形式和应用入口。今天围绕着 GPT 诞生的 Agent、LangChain 等很多新的工作模型，就是要让 GPT 没有记忆的可以有记忆，没有目标的可以有目标，将来这些能力都能落实在数字人的目标里面。所以未来数字人一定不是一个简单的对口型的形象，更不是"复读机"，而是能够自主学习，能够连接外围系统，真正跟我们每个人进行对话交流的有"灵魂"的数字人。AI 的进化要以人为本，大模型也应该成为人类的朋友和助手。

未来的大模型会走向小型化、垂直化和轻量化，中国将来可能有千千万万个大模型，而且将来在一个企业内部都可能有不止一个大模型。通用人工智能的大模型，它已建立了对人类自然语言的完整理解。在这个基础之上训练专业领域知识，大模型就能够"活学活用"。大模型未来趋势一定是小型化、轻量化、快速化，包括训练都在追求自动化。未来中国不会只有一个大模型，每个城市、每个政府部门都会有自己的专有大模型。专有大模型不仅能为领导和政府决策提供支持，还能成为办公人员强大的助手。当大模型和业务系统融合，还会变成各个业务板块的"副驾驶"，甚至成为智慧政府、智慧城市的总调度室。

当然，人工智能大模型作为数字化技术，也是一把双刃剑，存在大模型自身的安全问题。人工智能的安全比一般的问题要复杂，未来的人工智能问题不是简单的技术对抗。人工智能把对普通人使用的技术要求降低，各种各样的数字工具让人们可以很方便地做出各种图片和视频，很容易被人利用做坏事。同时，各种大模型技术掌握了很多编程和网络安全漏洞的知识，也可以成为网络犯罪的有力工具，比如写钓鱼邮件和攻击代码，所以从某种角度而言大模型也可能成为黑客的"帮手"。

然而人工智能发展到今天，已经不是"拔电源"就能解决问题的，不发展才是最大的不安全。大模型掀起的是一场工业革命，我们不能因为它有一些安全风险就因噎废食。我们要关注如何将其负面影响降到最低。我们去做大模型的过程就是在了解它的原理，只有了解大模型的研发技术，才能提出更好的方案，解决它所带来的问题，而不是把它当作"黑盒子"。在解决好安全问题的情况下，人类可以放心地享受通用人工智能带来的技术红利。

对上述这些问题，《通用人工智能》分别从历史对比、技术脉络、文明进程、生态体系、全球比较、未来发展等进行了多维度、多视角解构和探讨。通用人工智能时代才刚刚起步，将给全人类带来巨大的生产力和生产方式的变革，这是通用人工智能赋予时代的大机遇！

周鸿祎

三六零公司董事长

序三

智能化变革中的时与势

2022 年 11 月，人工智能公司 OpenAI 推出了名为 ChatGPT 的聊天机器人，短时间内用户量激增，AI 浪潮迅速席卷全球，如果说未来什么是引发新一轮产业革命的标志性事件，当属 ChatGPT 横空出世。ChatGPT 对人工智能产业的推动有两个方面，一是作为人工智能生成内容（AI Generated Content，简称为 AIGC）首个 C 端爆款应用，ChatGPT 将曾经高不可攀、难以触及的 AI 带入为普通民众的服务中去，ChatGPT 的显性化使得 AI 能够更好、更快地融入我们日常生活和工作中，所以 ChatGPT 被英伟达首席执行官（CEO）黄仁勋称为"AI 的 iPhone 时刻"丝毫不夸张。二是 ChatGPT 带来了 AI 商业模式的变革，ChatGPT 是元宇宙时代颠覆性的创作工具，将成为元宇宙时代底层生态内容创作的关键，大幅降低了创作门槛，将元宇宙发展至少提前了十年。同时，ChatGPT 引入了基于人类反馈的强化学习技术，解决了如何让人工智能模型的产出和人类的常识、认知、需求、价值观保持一致的问题，能够生成人类可以理解的自然语言，兼具"行"与"知"，未来可能会成为人类的超级智能大脑，在彻底改变世界方面拥有举足轻重的重要性。目前，在我们自己的授课和讲座中，也已经开始尝试将 ChatGPT 融入其中去使用。

时也，势也，AI 赋能千行万业，新一轮产业革命序幕已经拉开。从原始文明、农业文明、信息文明，到即将到来的智能化文明，其间贯穿的便是生产力和生产方式的颠覆性变革，此谓"底层基础决定上层建筑"。曾几何时，移动互联网、云计算、大数据、社交网络这些名词正在逐渐汇聚成一股各行各业都无法忽视的商业潮流，它正在改变一切，包括改变人类根本的生存状态，而 AI 则是加速了社会变革的进程。这股浪潮来势汹汹，旧秩序被打破，无数行业被新技术改变，传统的制胜法宝，如资金、土地、牌照、垄断、规模全都无能为力。"所当乘者势也，不可失者时也。"生产力 = 资源 × 技术，AI 赋能传统物理世界带来各行各业生产技术和生产工具的变革已为大势所趋，但其进程必不会是渐进式的，而是以指数级别螺旋上升的，所谓"优者胜，劣者汰"，裹足不前者，时代抛弃你的时候，会连招呼都不打一声。如果希望在智能时代的商业文明中活下去，我们必须完成思维的新陈代谢，全力拥抱通用人工智能大发展的时代！

煎熬和痛苦基于无从选择，新陈代谢和生命周期是无可奈何的事情，站在信息文明和智能文明的转折点上，许多行业的命运就是消亡，转身去拥抱新的社会文明和产业形态，是我们必须全力以赴要做的事情。《通用人工智能》给我们提供了从产业发展历史、技术演进脉络、产业生态逻辑、机遇与风险等多角度窥探人工智能时代一角的窗口，是国内通用人工智能领域少有的佳作之一，愿学以致用，用以促学，学用相长，知行合一！

王明夫

和君集团董事长

序四

AGI 时代的商业组织

从 35 亿年前的蓝藻细胞算起，碳基智能的进化，至今都是以万年为时间单位的；而从 20 世纪 60 年代"摩尔定律"提出以来，硅基智能的进化，几乎是以年为时间单位。OpenAI 公司的创始人山姆·阿尔特曼（Sam Altman）曾发表过一篇《万物摩尔定律》的博文，预测在 AI 技术的加持下，宇宙中的智能每 18 个月将会翻一番。

自 60 年前摩尔定律出现以来，从通信技术（Communication Technology）到信息技术（Information Technology）再到数字技术（Digital Technology），一系列数字化技术的不断创新，从两个方面影响到了商业的组织形态。

第一个方面，是数字化产品和服务具有高固定成本、低边际成本，甚至零边际成本的经济规律。既然边际成本趋近于零，商业组织的集中和垄断也就必然产生。同时，因为边际成本趋近于零，产品和服务价值最大化的途径，就是无限扩大使用范围。而开源开放、无须许可才是扩大使用权的最佳途径。再者，既然使用权成为产品和服务价值最大化的最佳路径，所有权就变得不那么重要了，公司制也就渐近"黄昏"了。认识到这一点，你也就能理解为什么以比特币为代表的公有区块链和基于公链上的应用，会是一个无股东、无员工、无主体的"无主网络"。从这个角度来说，比特币网络过去十多年的实践，可以看作是数字经济时代分布式商业组织的成功实验。通用人工智能（Artificial General Intelligence，简称为 AGI）时代几乎就是数字时代的终局演化，它的商业组织形式，也许能够以此管中窥豹。

第二个方面，数字化技术极大地赋能给了个体，尤其是生成式预训练 Transformer 模型（Generative Pre-Trained Transformer，简称为 GPT），更是赋能个体的大"杀器"。它使得任何个体都可以成为专业领域的能者，而不再需要遵循"一万小时定律"下的专业训练。于是个体开始抛弃组织，零工经济开始崛起，他们甚至居无定所，成为全球游走的"数字游民"。以太坊创始人维塔利克·布特林（Vitalik Buterin）一直以来就没有一个主要居住地，游走在世界各地，工作在网络空间，他便是"数字游民"的典型代表。

ChatGPT 甫一问世，最大的质疑是 AGI 时代可能会比互联网时代的垄断性更高。确实，看起来全球不会需要太多的基础大模型，也许两三个大模型就足以响应全球的需求量。我们一方面要理解，这种越来越垄断的趋势是数字化技术使然，采用 20 世纪初美国对付美国电话电报公司（AT&T）垄断经营而采取的"大卸八块"方法是无效的。数字时代，乃至 AGI 时代的反垄断，不能是把一个大公司拆解成几个小公司，最有效的办法恰恰是采用类似于比特币网络那样的组织形态，消解所有权架构，鼓励使用权架构。所有权具有独占性，而使用权可以无限授予，尤其是零边际成本的数字产品和服务。

我们非常欣喜地看到，OpenAI 宣布了一种独特的股权架构，这个架构对公司制度下的权益分配，做出了崭新的、颠覆性的安排。起初，OpenAI 是一个有限责任公司，但它对所有股东的收益设有一个上限。当以微软为代表的投资者盈利达到 1 200 亿美元时，投资者在 OpenAI 中的股权将不复存在，OpenAI 将转变为一个非营利组织。之所以要转变为非营利组织，我想原因无外乎两点：一是回应社会对 AGI 时代 OpenAI 垄断的疑虑和恐惧。在数字技术必然带来垄断的趋势下，一个自动消解了所有者权益架构的商业组织，显然可以免除垄断的原罪。二是 OpenAI 的目标显然是成为全人类 AGI 时代的通用基础设施，像 TCP/IP 互联网协议和区块链协议一样，开源、开放、无须许可、无须信任。这是人类社会通用基础设施的基本特征。

这个架构是崭新的、颠覆性的。硅谷的科技企业又一次走在了数字经济时代商业组织创新的前沿，而华尔街却始终沉迷在运用财技来设计各种花里胡哨资本结构的游戏中。我认为，OpenAI这种组织形态的进化，将会是 AGI 时代商业组织的基本模板，分布式、自组织、非营利性。它能很好地解决数字技术高固定成本、低边际成本甚至零边际成本导致的数字产品和服务高集中度、高垄断性的坏处，让数字化产品和服务更广泛、更公平地造福社会。

从 Web3.0 的角度和 AGI 的未来回顾过去几十年的发展，我们可以看到开源、开放、无须许可的商业组织形式从萌芽走到今天，已经蔚为壮观。最早是 TCP/IP 互联网协议堆栈的开源开放、无须许可、非营利性，之后是互联网操作系统和开发工具，比如Linux 基金会等也是开源开放、无须许可、非营利性的。

后来，出现了第二类开源组织形式，即软件工具或应用协议。它们组成一些开源基金会，这些基金会的代码是开源开放的，但是使用可能需要得到许可，增值服务会收取费用，例如咨询费或服务费。例如安卓操作系统、GitHub（一个托管平台，面向开源及私有软件项目的）等，有些开源组织像红帽（Red Hat）公司，甚至成为上市公司，并在后来被高价收购，市值高达几百亿美元。

第三类就是最近十多年出现的区块链的协议，区块链的协议是完完全全开源开放、无须许可、无须信任、非营利性的。任何一个人都可以拿去使用，也可以对原有协议进行分拆，还可以在这个协议上构建自己的应用而不需要任何批准。但是，它与前面两类的开源组织形式有些不同，它内置了一个通证经济模型。通过这个标准化、份额化、代表使用权的通证，既可以捕获网络的使用价值，也可以对利益相关者给予经济激励。

第四类我们将可以预见，以 OpenAI 目前搭建起来的权益分配框架和产权许可模式为模板，未来 AGI 时代的协议也应该是一个开源开放、无须许可、无须信任、非营利性组织，就像 TCP/IP 协议和区块链协议一样，AGI 协议也因此将成为通用基础设施。

AGI 时代出现在区块链之后，而区块链网络的点对点、分布式、自组织、非营利性的成功商业实践，几乎就是 AGI 时代商业组织形态的预演和实验。区块链的分布式账本、数字钱包、智能合约以及代币经济学，能够帮助释放 AGI 时代的巨大能量，同时防止 AGI 成为一个赚取垄断利润的怪兽。

本书作者之一的易欢欢先生预测，AGI 时代可能在未来 2 至 3 年到来，我据此尝试给出一个具体时间——2025 年。这是我们共同的期望！

肖风
万向区块链公司董事长

自序

拥抱通用人工智能的时代机遇

历史的大潮滚滚向前，回望人类文明发展的历程，人猿相揖别，走过原始文明、农业文明、工业文明、信息文明，随着通用人工智能技术奇点的到来，人类正迈入智能文明的新阶段。纵观人类历史和东西方文明的进程，每一轮大的新科技革命，都带来生产力的巨大变革和人类生产生活方式的巨大变化。

一代伟人毛泽东说过："如果要看前途，一定要看历史。"要了解今天的通用人工智能，便需要先来看看人工智能的文化源头和发展演进的历史脉络。在有文字记载的故事中，以古埃及、古代中国、古希腊、古印度等为代表的古代国家很早就有了关于智能的神话传说。千年人类文明及千年智能梦，不断驱动人类去实现智能的梦想。古希腊哲学家亚里士多德提出著名的推理"三段论"，奠定了逻辑推理符号化的基础。后来，德国哲学家、数学家戈特弗里德·威廉·莱布尼茨（Gottfried Wilhelm Leibniz）提出逻辑推理数学化的构想。这里要顺带提到的是，莱布尼茨发明了二进制，这奠定了后来计算机发明的数制基础，在他的文章《论只使用符号 0 和 1 的二进制算术，兼论其用途及它赋予伏羲所使用的古老图形的意义》中，二进制的 0 和 1，与中国《周易》中"阴""阳"的思想在此实现了交会。到了 19 世纪乔治·布尔（George Boole）发明了布尔代数，打通逻辑实现计算化的道路。20 世纪，德国数学家大卫·希尔伯特（David Hilbert）提出著名的"希尔伯特问题"和"希尔伯特计划"，他认为数学应该被形式化地表示，以便能够用精确的语言来描述数学概念和定理。然而，理想是丰满的，现实却往往出乎意料，当时一位名叫哥德尔的青年证明了希尔伯特计划是不可行的。20 世纪 30 年代，英国数学家艾伦·麦席森·图灵（Alan Mathison Turing）发明了图灵机，换一个思路来证明希尔伯特的判定问题是不可判定的。图灵机的发明，种瓜得豆，为计算机和人工智能的诞生奠定了基础。20 世纪 40 年代，世界上第一台电子计算机产生；同时，克劳德·艾尔伍德·香农（Claude Elwood Shannon）现代信息论打下了基础。到了 1956 年，随着达特茅斯会议的召开，人工智能这个概念首次被提出。

随着人工智能技术的发展，出现了符号主义、联结主义和行为主义三大流派路线。1943 年，人工神经元的数学模型提出，从这时开始到 1987 年，这是一个以符号主义为主的时期，其中

1943 年至 1974 年，是人工智能技术发展的第一次浪潮，兴起与繁荣，神经元模型、赫布定律、人工智能概念、感知器、机器学习的概念、最早的人工智能威胁论等相继被提出，世界上第一台工业机器人、聊天机器人、移动机器人以及专家系统登上了历史的舞台。然而，由于当时的算力、算法、数据等历史条件的限制，人工智能并不能达到大家当时期望中的那么快、那么好的效果。1969 年，符号主义的代表人物马文·明斯基（Marvin Minsky）在他著作《感知器》一书中批评感知器及其扩展研究是没有前途的。从 1974 年开始，人工智能进入第一次低潮期，各国政府和机构停止或者减少对人工智能的投入。这个时期，人工智能研究领域进行了新的探索，基于误差的后向传播网络、遗传算法、启发式搜索等新的理论和技术相继被提出。到了 1980 年，专家系统取得巨大成功，开启人工智能的第二轮新浪潮。然而从 1987 年开始，专家系统遇到了瓶颈而遇冷，人工智能再次陷入低谷。但与此同时，神经网络、浅层次的机器学习迎来复兴，联结主义流派路线开始崛起。1986 年，杰弗里·辛顿（Geoffrey Hinton）等人提出用反向传播（Back Propagation，简称为 BP）算法和多层次感知器相结合的方法，很快引起了人工智能研究界的兴趣。卷积神经网络（CNN）等一大批算法和技术随后不断被提出。到了 2006 年，辛顿教授和他的学生，正式提出了深度学习（Deeping Learning）的概念和全新的架构，将人工智能的发展推上了一个新台阶。人们逐渐认识到了深度学习算法的重要价值。从 2011 年开始深度学习应用爆发，图形处理器（Graphics Processing Unit，简称为 GPU）被用来训练网络模型，解决了算力的问题。这一时期可以说是硕果累累，基于深度学习的算法和技术应用不断涌现，最引人注目的是 2016 年阿尔法围棋（AlphaGo）与著名九段棋手李世石的围棋人机大战。到了 2017 年，谷歌提出了 Transformer 模型，从此，人工智能进入了一个更高的发展层次——大模型算法的阶段！2022 年，ChatGPT 横空出世，人类迎来通用人工智能时代。

发展脉络行进至此，我们回过头去看，从人类最初梦想开始，到后来一系列的演变，这些事物就单个而言，其产生或是偶然，但就从整个人类科技文明发展历程来看，它又是必然，这是几千年来的思想家、前后几百年的科学家们，孜孜不倦、继承创新、不断探索实践的成果，是天时地利人和、内因外因交会的产物，是科学技术发展的必然。科技探索就像十月怀胎，事物产生正如一朝分娩。诚如哲学上说的那句话，偶然中有必然，必然中有偶然。新事物的发展也不是一帆风顺的，会经历起起伏伏，往往遇到了挫折无路可走的时候，则柳暗花明又一村，呈现出螺旋式的上升态势。

讲完历史，接下来我们看看通用人工智能的产业生态。通用人工智能生态可以分为算力层、数据层、算法层、应用层。算力方面，芯片是算力中的核心，过去几年，大模型参数呈指数级增长，模型的复杂程度越来越高，对算力的需求也越来越大，大模型的训练，不光需要大量算力，也同时需要海量的大数据。所以，整个通用人工智能的生态，以算法层的模型为核心，拉动上游算力和数据，驱动下游应用和场景变革。通用人工智能的时代，将产生比传统 PC 时代、互联网时代、移动互联网时代更加伟大的公司。

从技术的维度来看，大模型正在从单一模态走向多模态，GPT-4 已经实现了多模态。和单一模态不同，多模态大模型可以接受多种类型数据如图像、文本、音频等输入，来进行训练和预测。多模态未来发展前景广阔，例如可以和机器人结合，为机器人注入灵魂，成为机器人的大脑，进一步推动通用人工智能的下一个浪潮——具身智能的技术突破。

从大模型分类上看，可以分为通用大模型和垂直行业大模型。通用大模型在商业模式上，目前已初步探索出对外应用程序编程接口（API）、模型即服务（MaaS）以及生态伙伴产品集成等多商业模式。从时间进程上看，自从 ChatGPT 面世以来，短短数月时间，大模型已经从"通用"走向了"垂直"阶段，越来越多的企业看到在教育、金融、医疗等垂直行业创新的机会，垂直细分领域的大模型正在大量涌现。可以说，通用大模型就像百科全书，上通天文下知地理；垂直行业大模型就像专家，具备行家里手专业深度。通过与各类场景的结合，通用人工智能技术将走向各个行业的"田间地头"，通用人工智能技术进入寻常百姓家，通用人工智能技术走向平民化、普惠化。

从全球产业周期发展的角度来看，当前通用人工智能技术正迎来产业应用落地的加速期。技术拐点突破、大模型训练成本下降、用户需求开始爆发等要素，不断推动通用人工智能技术加速渗透。全球产业资本和金融资本纷纷涌入，科技巨头如微软、谷歌、百度等不断加码布局。

全球正迎来百模大战，美国市场中，已经形成了"两超多强"的格局，"微软 + OpenAI"和谷歌的大模型军备竞赛日趋激烈，本书正文内容将详细介绍这两大超级巨头体系进攻和防守的几大战役回合。其他大厂如 Meta、IBM、亚马逊等纷纷加速追赶，发布最新的大模型。除了 OpenAI 外，美国市场还有诸多初创企业纷纷入局。从中国市场来看，国内的竞争格局当前处在春秋时期。今年以来，国内各大 IT 厂商纷纷发布大模型，百度、阿里巴巴、三六零、科大讯飞、华为等各家大模型的最新消息进入大众的视野。与此同时，许多互联网大咖也不断加入大模型的创业大潮。我们认为，未来通用智能计算领域的竞争格局，无论是中国还是美国市场，大模型领域将会形成少数几家集中的局面，这是通用大模型的技术、场景、数据等内在要素属性所决定的；而在专用垂直细分领域，将催生一批专门负责精调垂直行业大模型的企业，垂直行业应用大模型将层出不穷。

从全球比较的角度来看，当前中美两国在全球预训练大模型发展中处于领先地位。从 2018 年开始，许多美国科技企业相继发布具有创新性和影响力的 AI 大模型。中国的大模型从 2020 年开始进入加速期。中国大模型加速追赶，目前与美国保持同步增长态势。根据科技部新一代人工智能发展研究中心等机构发布的《中国人工智能大模型地图研究报告》统计，从 2020 年至 2023 年，中国推出了 79 个大型语言模型。据特斯拉 CEO 马斯克估计，美国与中国之间，人工智能发展差距大约有 12 个月。而另一个方面，中国的大模型和美国相比在原创性方面还有待提升。算力方面，国内 AI 芯片在工艺制程、芯片算力生态、市场地位和份额等几个方面存在差距。数据方面，中国有庞大的市场和数据资源，据工信部赛迪顾问发布的《中国数据安全防护与治理市场研究报告》显示，预计到 2026 年中国的数据量位居全球第一。但是，从数据质量方面看，与美国比较，中国的数据数量及质量还需要提升。在应用端，美国大模型应用商业化开始加速，而中国大模型应用市场潜力巨大，目前国内大部分的大模型还处在免费试用阶段，正奋力追赶，未来有望实现赶超。

通用人工智能对中国的战略意义巨大，应抓住其发展机遇。

从历史的维度来看，中国曾错失了第一次、第二次科技革命，导致国家发展落后，遭遇"三千年未有之一大变局"。20 世纪信息技术革命兴起后，尽管中国起步晚，但后来快速跟进，进入互联网时代后，中国凭借着庞大的用户群体和场景应用创新，带动了信息产业快速崛起。相比较而言，当前通用人工智能这一轮新科技革命，中国和美国同处于引领世界的位置，和历史上的前几轮科技革命相比，我们从未有站在这样一个领先和主动的位置，引领世界科技革命的浪潮。

从变革的维度看，通用人工智能技术的推广和应用，将带来产业升级、消费升级、社会效益提升，开启产业和经济变革新浪潮。和历史上每一次科技革命一样，通用人工智能技术将渗透各行各业，像互联网一样成为整个社会的基础设施。抓好这一个机遇，将有利于我国在 AI 2.0 时代实现跨越发展，为整个社会带来更多福祉，智能经济的发展，有利于增强国家的综合实力，从而帮助我国在未来的国际竞争中脱颖而出。

从国家安全的角度来看，人工智能是国际竞争的焦点之一，超大规模的预训练模型作为一种战略资源，具有重要的卡位作用。中国的通用人工智能技术尽管和美国还有差距，但是这一轮新科技变革才刚刚开始，中国从顶层重视到产学研的协同、人才培养和机制建设多管齐下，加之中国有着庞大的市场和各个垂直领域海量的数据资源，假以时日大模型的底层技术有望赶上，而在应用层面有望实现赶超。

站在当下，回顾历史，展望未来。人工智能是多学科交叉融合的产物，今天基于 Transformer 发展出来的 GPT 路线，并不能代表通用人工智能技术的终点。随着类脑科技的发展，在未来可能有更多更先进的算法和技术路线的出现，将进一步推动通用人工智能向更高阶段迈进。量子科学和量子计算机的发展，未来有可能助力通用人工智能技术实现进一步的突破。同时，通用人工智能的发展，也将助力 Web 3.0 生态和元宇宙建设。对于这些未来可能产生的新突破、新事物，我们满怀期待。

另外，通用人工智能的发展也必须高度重视相应风险和监管。而人工智能的监管将是一个全球性的问题，我们既要享受技术带来的红利，也要合理把控其风险。尽管当下很多大模型还存在"一本正经胡说八道"等能力方面的不足，但是随着社会科学技术的不断发展，通用人工智能的能力越来越强大，将会带来社会问题、伦理问题、知识产权问题、安全和隐私问题等一系列的风险和挑战，因此更需要相关部门的监管政策及时跟上，同时大力发展通用人工智能监管技术，用技术手段来助力监管。

正是基于以上多方面的思考，带着对新技术的热情、历史的深思、未来变革趋势的展望，我们这本新书《通用人工智能》应运而生。本书从文明历史、技术脉络、产业生态、全球比较、风险监管、未来趋势等多维度、多视角解构通用人工智能，和大家一起看通用人工智能的"三山五岳"，领略通用人工智能的无限风光，拥抱通用人工智能带来的时代大机遇！

第一章 人类正迈向通用人工智能时代

第二章 通用人工智能与人类文明进程

第三章 通用人工智能的技术演变脉络

第一章

人类正迈向通用人工智能时代

AI 的 iPhone 时刻来临。

——黄仁勋，英伟达 CEO

第一节　ChatGPT 横空出世，AI 的 iPhone 时刻

一、一个现象级产品：ChatGPT 横空出世

2022 年 11 月 30 日，人工智能公司 OpenAI 推出了一款名为 ChatGPT 的全新聊天机器人程序。该程序是基于自然语言处理（NLP）领域的一种人工智能大型语言模型（Large Language Models，简称为 LLMs），通过大算力、大规模数据训练，量变引起质变从而实现了意想不到、颠覆性的能力突破。ChatGPT 可以通过学习和理解人类语言，以对话的形式与人类进行交流。和许多传统的聊天机器人相比，ChatGPT 具有强大的语言理解和表达能力，交流互动更为自然和精准，并且可以完成复杂的推理问题，极大地改变了大众对于聊天机器人的认识。除此之外，在实际应用中，ChatGPT 还可以根据用户提出的要求完成诸如撰写邮件、视频脚本、翻译等任务，甚至能够部分替代搜索引擎。人们惊奇地发现，通过与其进行适当互动和引导训练，ChatGPT 既可以"舞文弄墨"填词作诗，也可以编写程序代码和进行程序调试。

ChatGPT 的横空出世掀起了人工智能热潮，在推出后的短短

5 天之内注册用户数量便超过 100 万、2 个月便拥有了超过 1 亿月活用户，成为当时增长最快的消费应用，创下互联网历史上的新纪录。据《世界工程杂志》（*World of Engineering*）的数据显示，到达 1 亿月活用户，TikTok 用了约 9 个月、苹果的 Apple Store 用了 2 年、Instagram 用了 2 年半、Meta（Facebook）用了 4 年半、推特（Twitter）用了 5 年。短时间内震动全球，ChatGPT 受到了热烈的追捧。

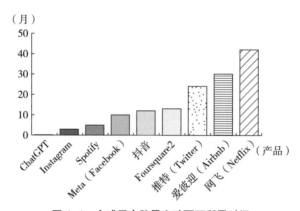

图 1-1　全球用户数量突破百万所需时间

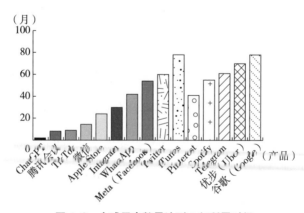

图 1-2　全球用户数量达到 1 亿所需时间

随着用户数量的突飞猛涨，ChatGPT 顺势而为、快速推进，更新升级新应用：

- 2023 年 2 月 2 日（美国时间）：OpenAI 推出了 ChatGPT 的订阅版本 ChatGPT Plus。

- 2023 年 3 月 1 日（美国时间）：OpenAI 正式开放了 ChatGPT 模型 GPT-3.5 的应用程序编程接口（API）。

- 2023 年 3 月 14 日（美国时间）：OpenAI 正式推出 GPT-4 并开放 API，相比于 2022 年 11 月 30 日推出的 ChatGPT 版本（GPT-3.5），GPT-4 既支持文本输入，也支持图像输入。根据 OpenAI 披露的情况，GPT-4 训练所使用的数据量比以往版本要大很多，内部模型中的权重更多且运行成本更高，产生正确回应提问者问题的可能性比 GPT-3.5 高约 40%。

- 2023 年 3 月 16 日（美国时间）：微软宣布，推出接入了 ChatGPT 的数字助理工具 Microsoft 365 Copilot。根据微软的官方网站介绍："Microsoft 365 Copilot 是一种由 AI 提供支持的数字助理，旨在为用户提供针对一系列任务和活动的个性化协助。Copilot 不仅将 ChatGPT 与 Microsoft 365 连接，还将大型语言模型的强大功能及 Microsoft Graph（包括日历、电子邮件、聊天、文档、会议等）中的数据与

Microsoft 365 应用相结合，使你的话语成为全球最强大的生产力工具。嵌入你每天使用的 Microsoft 365 应用，包括 Word、Excel、PowerPoint、Outlook、Teams 等，Copilot 与你合作，帮助你发挥创造力、解锁工作效率并提升技能。"用户可以通过文本和互动方式，让 Copilot 帮助优化 Word 文档、生成 PPT、分析 Excel 以及撰写 Outlook 工作周报等。

- 2023 年 3 月 23 日（美国时间）：OpenAI 正式推出了插件功能 ChatGPT Plugins，最开始发布了 11 款插件，插件数量增长很快，过了一个多月就达到了大几十个。通过这些插件，用户可以在 ChatGPT 上实现诸如娱乐、饮食、家居、装修、投资、求职、营销、购物、辅导等，内容涵盖日常工作生活的诸多方面。

- 2023 年 5 月 18 日（美国时间）：OpenAI 在其官网上宣布，已在美国推出了适用于苹果 iOS 系统的 ChatGPT 应用程序。

继 ChatGPT 火爆之后，2023 年 3 月 30 日自主人工智能（AutoGPT）上线。AutoGPT 是 Github 上的一个开源项目，是一个端到端的自动机器学习平台，包含了自动数据预处理、神经网络结构搜索、超参数优化、自动微调和自动测试等一系列功能。相比起来，ChatGPT 只能根据用户的问题提供答案，而 AutoGPT 能够自主地将用户目标拆解成为子目标再去分别智能处理完成，并将这些子目标的结果组合成一个复杂的答案，任务完成的过程不需要人为干预。AutoGPT 的功能减少了创建语言模型对语言专业知识的需求，在金融市场交易、客户服务、营销、新闻文章、社交媒体帖子等诸多场景具有应用潜力，引发了产业、学术和投资等各界的关注。

随着 ChatGPT 的火爆，产业界、学术界、资本市场以及各国政府均高度关注。英伟达（NVIDIA）CEO 黄仁勋旗帜鲜明地提出"AI 的 iPhone 时刻来临"，表示人工智能行业已经到达了像 iPhone 横空出世时为手机行业带来的革命性颠覆的时间点。比尔·盖茨（Bill Gates）在他的个人博客中谈到，ChatGPT 是自图形用户界面以来最重要的技术进步，人工智能的发展与微处理器、电脑、互联网和手机的出现一样重要，将改变人们工作、学习、旅行、获得医疗保健以及彼此交流的方式。

二、大模型的产生和 ChatGPT 的因由缘起

ChatGPT 是 OpenAI 推出的，基于 Transformer 架构的预训练语言生成模型。Transformer 架构最早由谷歌大脑团队（Google Brain）提出。谷歌大脑团队于 2017 年发表了一篇论文，题为《注意力就是你所需的一切》（Attention is all you need），文章创造性地提出了一种基于自注意力（Self-Attention）的 Transformer 模型，用来做自然语言处理并能够同时进行数据计算和模型训练，训练

所花费的时间更短，在语法成分分析、翻译准确度等各方面评价成为当时第一。此后，基于 Transformer 架构的一系列大模型迭代和更新开始演变，Transformer 成为当前 AI 语言文本应用领域的主流模型，Transformer 的应用标志着大模型时代的开启。基于大模型的产品包括 ChatGPT、CodeT5 和 Jasper AI 等。ChatGPT 是基于 GPT-3.5 版本构建的聊天机器人，它能够胜任复杂的自然语言处理任务，例如文本生成、机器翻译、代码生成、问答以及对话 AI 等。在图像领域，随着 Transformer 大模型的迭代升级，基于该模型的 GPT-4 等处理图像的能力越来越高。

OpenAI 成立于 2015 年，是由多位硅谷重量级人物共同创立的一家非营利性的人工智能公司，总部位于旧金山。公司得到了埃隆·马斯克、山姆·阿尔特曼、彼得·蒂尔等创业家和投资者的支持，启动资金高达 10 亿美元。2019 年，微软入股 OpenAI，同年 OpenAI 宣布从"非营利组织"转为"封顶盈利"性质，封顶金额为任何投资的 100 倍。作为股东，数年来微软为 OpenAI 注入了大量资金，以支持其对 AI 技术和优秀人才的投入。同时微软云计算平台 Azure 作为 OpenAI 的独家云服务商，为 OpenAI 的算力需求提供了可靠的技术支撑和保障。目前 OpenAI 业务的主要方向包括：语言处理（GPT 系列产品）、计算机视觉（DALL·E 等）、深度强化学习、游戏、其他 AI 应用等。公司官网宣称："我们的使命是确保人工通用智能——通常比人类更智能的人工智能系统——造福全人类。"

2011 年：

· 谷歌公司谷歌大脑团队成立。

2015 年：

· OpenAI 作为非营利组织成立，旨在推动人工智能领域研究，创建者包括埃隆·马斯克和山姆·阿尔特曼等。

2017 年：

· 谷歌大脑推出 Transformer 大模型。

· OpenAI 基于 Transformer 大模型推出 GPT-1，能够生成人类文本语言，模型参数 1.17 亿。

2019 年：

· OpenAI 推出了 GPT-2，模型参数 15 亿。

· 微软向 OpenAI 追加投资 10 亿美元。

· OpenAI 宣布从非营利组织逐步转为营利的企业，但盈利金额有一定标准的上限。

2020 年：

· OpenAI 发布 GPT-3，参数量达 1 750 亿。

- 微软取得 GPT-3 的独家授权。

2021 年：

- OpenAI 推出 DALL·E，这个模型能够根据文本生成图像。
- OpenAI 发布第一个 API，这是第一个商业产品。

2022 年：

- 3 月，OpenAI 推出 InstructGPT 模型。
- 4 月，OpenAI 推出 DALL·E 2。
- 12 月，OpenAI 推出 ChatGPT。

2023 年：

- 1 月，微软以 290 亿估值投资 100 亿美元，OpenAI 内部决定公司全面转型。
- 2 月 2 日（美国时间），OpenAI 顺势推出了 ChatGPT 的付费订阅版本。
- 3 月 1 日（美国时间），OpenAI 正式开放了 ChatGPT 模型 GPT-3.5 的 API。
- 3 月 14 日（美国时间），OpenAI 正式推出 GPT-4，参数量达 1.7 万亿，所产生的正确回应提问者的可能性比 GPT-3.5 高约 40%。

- 3 月 16 日（美国时间），微软宣布推出链接了 ChatGPT 的数字助理工具 Microsoft 365 Copilot。

- 3 月 23 日（美国时间），OpenAI 正式推出了插件功能 ChatGPT Plugins。

- 5 月 18 日（美国时间），OpenAI 在其官网上宣布，已经在美国推出了适用于 iOS 系统的 ChatGPT 应用程序。

从 GPT–1 到 ChatGPT（GPT–3.5）、GPT–4，模型参数、数据集和训练等方法均不断升级。

（1）GPT–1：采取无监督的预训练 + 有监督的模型微调。模型参数 1.17 亿。

核心的方法和技术新变化：使用预训练方法来实现高效语言理解的训练。

（2）GPT–2：进行多重任务学习，数据集增加，模型参数增加至 15 亿。

核心的方法和技术新变化：迁移学习技术，在多种任务中高效应用预训练信息，语言理解能力进一步提升。

（3）GPT–3：模型参数暴增至 1 750 亿，训练耗资 1 200 万美元。GPT–3 展现了出色的多任务语言能力和效果。

核心的方法和技术新变化：注重泛化能力，few-shot（小样本）的泛化。

（4）InstructGPT 和 ChatGPT：在 GPT-3 的基础上微调，增加对齐（要求 AI 系统的目标要和人类的价值观与利益相一致）研究；并且为了提高输出结果质量，采取"基于人类反馈的强化学习（Reinforcement Learning from Human Feedback，简称为 RLHF）和监督学习"。在调优时加入人工编写的数据，并对模型进行打分，让模型的输出向人类对齐。

核心的方法和技术新变化：指令遵循和微调的突破。

（5）GPT-4：参数量达 1.7 万亿，比 ChatGPT 的参数规模多 10 倍。

核心的方法和技术新变化：开始实现工程化，多模态。

图 1-3　基于 Tansformer 模型的预训练语言模型

资料来源：甲子光年，《ChatGPT 的技术演进、变革风向与投资机会分析》。

三、大模型的"新摩尔定律"和涌现能力

随着大模型的进化，大模型参数呈指数增加。2022年2月26日，OpenAI 的 CEO 山姆·阿尔特曼在其推特上发文称，可能很快会出现一个全新的摩尔定律，即宇宙中的智能数量每18个月翻一番。自2018年以来，国内外各种模型层出不穷，谷歌、微软、百度、Meta（Facebook）等科技巨头纷纷投入大模型"军备竞赛"中，各种模型层出不穷，参数规模快速从几亿到千亿乃至上万亿，增速远超过了摩尔定律的一倍，这是 AI 大模型不同的特点。

当模型的参数达到一定规模后，大模型就会有很多意想不到的性能和能力，展现出智能涌现的景象，这也是 ChatGPT 能够受到广泛关注并取得成功的原因之一。涌现能力（emergence）指的是某些复杂系统，部分组成元素在相互作用和影响的过程中，产生了一些新的、原本不存在的属性或行为。这些新属性或行为无法通过系统组成部分的简单叠加或简单修改来解释，只能通过整个系统的相互作用和协调来达到。涌现能力是自然界中普遍存在的现象。在人工智能领域，涌现能力指的是模型在处理任务时，由于海量参数和神经元之间的相互作用和协调而产生的新特性和新能力。涌现使得模型能够生成高质量的自然语言文本，在推理、认知等回答方面表现出一些出乎意料的新能力。

第二节　全球大模型风起，
AI 时代新"操作系统"

一、大模型军备，全球"炼"大模型风起

ChatGPT 作为一种现象级的应用，尽管还无法达到通用人工智能，但是已经带有一些通用人工智能的特征。包括谷歌、Meta、百度、阿里巴巴、科大讯飞等在内的各大科技巨头争先推出自己最新的大模型，王慧文、王小川等业内 IT 领袖纷纷"下场"大模型创业。

从大模型的发展周期来看，美国在 2017 年 Tranformer 提出后，从 2018 年开始，逐渐进入大模型创新，并在 2021 年进入大模型军备竞赛的激烈竞争阶段。2018 年，谷歌推出预训练语言模型 BERT（全称为 Bidirectional Encoder Representations from Transformers），OpenAI 推出 GPT。2019 年，OpenAI 推出 GPT-2，英伟达推出 Megatron-LM，谷歌推出 T5，微软推出 Turing-NLG。2020 年，OpenAI 推出 GPT-3，参数达到 1 750 亿；微软和英伟达联手发布大模型 MT-NLG。2021 年，谷歌推出 Switch Transformer

模型，参数量高达 1.6 万亿，随后又提出 1.2 万亿参数的通用稀疏语言模型 GLaM。2022 年，OpenAI 推出 ChatGPT；Stability AI 推出文字生成图像大模型 Diffusion。2023 年，随着 ChatGPT 大火，大模型竞争进入白热化阶段，更多、更大参数，以期获得更强大推理和认知能力，保持模型领先优势和流量卡位优势成了各大巨头公司的最新目标。

（1）谷歌：作为全球第一大搜索引擎，面对 ChatGPT 和微软必应（Microsoft Bing）的竞争威胁，2023 年 2 月 6 日，谷歌宣布推出的一款聊天机器人 Bard，却在公测中表现不如人意，引起股价大跌；为了扳回一局，2023 年 5 月 10 日谷歌在年度开发者大会上正式发布大模型 PaLM 2，部分性能超 GPT-4。

（2）Meta：2023 年 1 月，Meta 发布自监督算法 data2vec 2.0。2023 年 4 月 Meta 发布了分割一切模型（Segment Anything Model，简称为 SAM），可以从图像中挑选出单个对象并进行分割。

（3）Anthropic：谷歌为了应对 ChatGPT 的威胁，注资 3 亿美元投资竞品公司。该公司计划投入研发一个名为"Claude-Next"的前沿大模型，与 OpenAI 展开竞争。

如亚马逊、IBM 等在内的公司也纷纷发布自己的大模型。

与美国相比，中国的大模型起步稍晚，但发展迅速，2021 年是中国 AI 大模型集中快速爆发的一年。2021 年，商汤科技发布了大模型"书生"（INTERN）；华为云联合循环智能发布盘古

NLP 大模型；阿里达摩院发布大模型 PLUG，同时联合清华大学发布中文多模态大模型"通义"M6；百度推出 ERNIE 3.0 和 RNIE 3.0 Titan 两个大模型。

随着 2022 年底 ChatGPT 爆火，2023 年中国大模型领域如雨后春笋，从 IT 巨头到创业公司，从科研院所到 A 股众多上市公司，均加入大模型赛道参与角逐。有关中国大模型的消息源源不断扑面而来。2023 年的 3 月 16 日，百度 CEO 李彦宏召开新闻发布会，发布"文心一言"大模型；3 月 29 日，2023 年数字安全与发展高峰论坛上，三六零董事长周鸿祎演示三六零研发的大模型在其搜索中的应用，笑称这是"还没有拿到准生证的孩子"；4 月 8 日，华为展示了盘古大模型的最新进展和应用；4 月 10 日，商汤科技发布"日日新"大模型；4 月 11 日，阿里巴巴发布"通义千问"大模型；4 月 17 日，昆仑万维发布天工大模型，5 月 6 日，科大讯飞发布"讯飞星火认知"大模型。2023 年 5 月 28 日，中国科学技术信息研究所所长赵志耕在中关村论坛"人工智能大模型发展"平行论坛上发布《中国人工智能大模型地图研究报告》时表示，中国从 2020 年进入大模型快速发展期，据不完全统计，目前参数规模 10 亿以上的大模型已发布 79 个，其中北京有 38 个、广东有 20 个。

表 1-1　国内部分大模型

企业 / 科研院所	大模型名称
百度	文心大模型 / 文心一言
华为	盘古大模型
腾讯	混元大模型 / 混元助手
阿里巴巴	通义大模型 / 通义千问
京东	Chat JD
网易	玉言
三六零	360 智脑
昆仑万维	天工
科大讯飞	讯飞星火认知
商汤科技	日日新 SenseNova/ 商量 SenseChat
复旦大学	MOSS
中国科学院自动化研究所	紫东太初
清华大学	GLM–130B
上海人工智能实验室	风乌
北京智源人工智能研究院	悟道
知乎	知海图 AI（与面壁智能合作研发）
麒麟合盛（APUS）	天燕大模型 AiLMe
澜舟科技	孟子 MChat
毫末智行	DriveGPT
出门问问	序列猴子
智谱华章	ChatGLM
百川智能	baichuan
达观数据公司	曹植
竹间智能	魔力写作（magic writer）
面壁智能	CPM–Bee

资料来源：根据公开资料整理。

二、AIOS 时代下的超级入口和生态体系

回顾 IT 发展的历史：PC 时代，是基于操作系统之上开发各类应用软件；移动互联网时代，操作系统之上有应用商店，其中包括微信、短视频、支付宝等各类应用程序；人工智能时代，大模型则类似一个大的操作系统，其必将打造一个超级应用入口，通过集合各类图像、语音、文字等多模态的输入，打通各个垂直行业应用和联动，所有的应用程序都会被重新定义，大模型必将颠覆整个产业生态，打造出新的生态体系。随着 ChatGPT Plugins 和 ChatGPT iOS 的发布，人工智能操作系统（AIOS）大时代即将来临。

OpenAI：打造 AI 时代的 AIOS 操作系统和超级入口的脉络逐渐呈现。

通过发布 ChatGPT（GPT-3.5）、ChatGPT Plus（GPT-4）、ChatGPT Plugins、ChatGPT iOS，其生态延伸布局思路逐渐显露出脉络。

- ChatGPT（GPT-3.5）、ChatGPT Plus（GPT-4）分别实现文本和图像的交互。

- ChatGPT Plugins：插件具备检索实时信息、检索知识库信息、代替用户操作应用三大基本功能，呈现简单的一站式操作，和外部世界交互，"触达"万物，构建起外部联网生

态连接的触角，将开启 GPT 大模型在垂直领域的应用。通过第三方合作伙伴加速在各个垂直领域的渗透，提高交互信息的实时性和安全性。其应用场景广泛多元化，市场潜在空间巨大，有望在教育、娱乐、科研、餐饮、制造等诸多领域拓展其市场潜力。

2023 年 3 月以来，ChatGPT 第一批 2 个官方插件和 11 个第三方插件上线，第一批插件由 Expedia、OpenTable、Shopify 等公司提供，涵盖在线购物、旅行服务、语言学习、自动化等多个领域。截至 2023 年 5 月，其生态应用不断扩大，新增网页生成、菜谱生成、流程图生成等插件，ChatGPT 插件已更新至 70 多个。

- ChatGPT iOS：一经推出，迅速成为美国苹果商店免费 App 排行榜第一。未来基于手机端有望构建起大生态，并通过 ChatGPT 底层平台触达每一个垂直和具体场景，成为用户的助手，满足用户需求。

对比信息交互的历史，新的 AI 生态将重塑人机交互的方式。在信息匮乏的年代，信息通过如雅虎（Yahoo）、新浪、腾讯、网易等门户网站进行分发；随着信息量的增加到信息爆炸，搜索技术崛起，可以通过简单的搜索输入框查询想要的信息，百度和谷歌是这个时代中英文搜索引擎的代表；随之进入 AI 1.0 时代，大量信息过载，通过内容分发到各个 App，通过人物画像和偏好特征等构件，信息精准地推送给需要的人；随着 ChatGPT 的出世，进入 AI 2.0 时代，信息交互的模式变成了 AI 交互行为，通过提示词输入，AI 返回需要的结果。互联网时代，流量的底层逻辑在于连接，连接提供选择，凭借精确性、高效性、标准化、通用性，通过用户习惯和价值供给产生黏性。人工智能时代，流量的底层逻辑在于连接之上的"认知、了解、知道"，是更高维度的"降维打击"，AI 懂你需要什么、适合什么，并直接给出你想要的答案，提高用户价值，获得效益、效率，降低信息和价值获取的时间和成本。

第三节 多模态迎来爆发，
具身智能掀起浪潮

一、多模态大模型算法迎来技术新突破

"模态"（modality）这个词是德国物理学家、生理学家赫尔姆霍茨（Helmholtz）提出的一个生物学的概念，即生物凭借如鼻子、耳朵、眼睛、肢体等不同方式的感官米感知外在世界的各种信息，每种方式的来源和方式本身就是一种模态。借用到计算机领域，多模态学习（MultiModal Machine Learning，简称为MMML）就是通过机器学习的方法处理多个模态接收的信息，从而实现对包括文本、图像、视频、音频、3D 等模态信息的理解和学习。不同模态信息的学习方式差异较大，通过多模态学习，能够实现感知、交互和智慧协同能力的提升。

OpenAI 推出的 GPT-4 具有非常明显的初级通用人工智能（AGI）能力，最大的突破点是多模态 AI。2023 年 3 月 17 日，OpenAI 发布 GPT-4，GPT-4 能够接受用户的文本和图像提示，进行多种模态的信息处理，可以处理文本、图像、音频、视频等信息，例如当

用户输入文本和图像，GPT-4 可以输出自然语言和代码等。此外，GPT-4 还可以通过专门为纯文本设计的时间测定技术（test-time）进行增强，尽管在许多现实场景中的表现还无法与人类相比，但在各种专业和学术基准测试中 GPT-4 已经达到了与人类相当水平的表现。从单模态扩大到多模态，GPT-4 的应用场景有望快速打开新局面。

当前多模态的学习阶段可以与自然语言处理在 2017 年前后的阶段相类比。回顾自然语言处理领域大模型的历程，2017 年谷歌提出 Transformer 技术，顺着这条路线各种大模型百花齐放、开枝散叶，随后几年迎来大模型的军备竞赛，各大 IT 巨头和创业企业纷纷涌入，迎来爆发。然而就在 2017 年，文本语言处理的各种技术路线争论激烈，即便往后几年产业界依然在争论哪一种才是可行的最佳路径。当前多模态领域的技术路线繁多，除了 OpenAI 的 gpt-4 和 meta 的 SAM，中国的大模型如百度的文心一言、阿里巴巴的通义千问等都包含了多模态处理能力。谷歌于 2023 年 3 月推出了多模态模型 PaLM-E。国外其他已经公布的具有多模态能力的大模型有 midjourney、DALL·E、imagen、stable-diffusion 等。

当然，由于多模态处理信息的复杂性，技术突破的挑战和难度比 NLP 领域更大，所花费的时间难以估量。一方面，卡内基梅隆大学发表的文章《多模态机器学习的基础和最新趋势》（Foundations and Recent Trends in Multimodal Machine Learning:

Principles，Challenges，and Open Questions）总结了表示、对齐、推理、生成、知识迁移、量化分析等 6 大方面的挑战。从当下看，有利的条件是中外的龙头企业都已经在研发下一代多模态大模型，加上后续算力的提升，将会产生下一代无论从维度还是丰富度均能超越当前 GPT-4 和 SAM 的多模态大模型。而另一个方面，不利因素在于除文字和图像之外，其他模态的数据仍然不足。

二、具身智能将成人工智能下一个浪潮

2023 年 5 月 16 日（美国时间），特斯拉（Tesla）公司召开年度股东大会，CEO 马斯克在会上表示人形机器人将成为公司未来的主要长期价值来源。无独有偶，就在当天，英伟达创始人兼 CEO 黄仁勋也在 ITF World 2023 半导体大会上表示，AI 浪潮下一个将是"具身智能"。

而就在 5 月，北京市科委、中关村管委会等部门联合印发《北京市促进通用人工智能创新发展的若干措施（2023—2025 年）（征求意见稿）》中提出，探索具身智能、通用智能体和类脑智能等通用人工智能新路径，推动具身智能系统研究及应用，突破机器人在开放环境、泛化场景、连续任务等复杂条件下的感知、认知、决策技术。

何为具身智能？MBA 智库百科对其的定义，指的是通过创

建软硬件结合的智能体，可以简单理解为各种不同形态的机器人，让它们在真实的物理环境下执行各种各样的任务，来完成人工智能的进化过程。

具身智能和 GPT-4 的不同在于，GPT-4 处理数字世界的信息，通过输入图像或者文本等，经过处理后产生图片、文字、音频、视频等输出，来与外部交互和联系，不对周围的客观物理环境产生直接的影响。而具身智能既要处理数字世界的信息，也要处理与物理世界的交互，通过自身具有的传感器搜集环境信息，将外部输入的物理信号转化为数字信号进行处理，又要将数字计算后的输出转化为机械行动。GPT-4 等是被动学习，即我们向机器提供什么样的数据（人类标签或产生的数据）机器就学习什么。而具身智能是一种全新的自主学习，能自我感知和理解物理世界，就像人类感知和理解外界环境能力一样。从这个角度来看，具身智能带来 AI 未来发展的价值要远大于传统的人形机器人。

具身智能的研究历史很早，但由于时代和技术条件的限制，发展缓慢。对于具身智能的概念最早可以追溯到 1950 年，由图灵在他的论文中第一次提出。到了 20 世纪 80 年代，随着符号主义的衰落，人们逐渐意识到了具身智能的重要性，一部分人将研究的注意力转移到机器与环境的适应能力上，1986 年诞生了第一个基于感知行为模式的轮式机器人，通过自适应感知环境避让障碍物和保持平衡，且没有控制中枢。到了 2009 年，当时在普林斯顿大学（Princeton University）工作的美籍华人科学家李飞飞构建了一个在人工智能研究历史上具有重要地位的数据集 ImageNet，可以用来训练复杂的机器学习模型。李飞飞是具身智能的主要发起者和推动者之一。2015 年，机器识别的能力超过了人类。2018 年，OpenAI 的研究人员论证了智能体在虚拟世界中学到的技能可以迁移到现实世界。

——具身智能，是通向通用人工智能征程上的一条希望之路！

第四节　看到了曙光，迎接通用
人工智能时代

一、通用人工智能与传统人工智能不同

传统的人工智能重在解决特定领域的问题和任务，例如语音技术、视觉和图像处理技术、机器人技术等利用大量的数据和算法，产生具体行业和场景的解决方案，帮助简化重复性任务和自动化流程，提升自动化和效率。

（1）语音技术。包括语音识别和语音合成技术。语音识别技术是将口语输入转化为文本形式，其技术涉及识别和解析语音信号，并转化为可理解的文本表示。语音识别系统通常使用声学模型来处理语音信号的声学特征，并结合语言模型和声学模型进行语音识别。语音识别在语音助手、语音搜索、语音转写等方面有着广泛的应用。语音合成技术旨在将文本转化为口语输出，将文本数据作为输入，生成具有自然流畅语音的音频输出。语音合成系统使用合成引擎和声学模型，将输入的文本信息转化为语音，在智能音箱、语音导航、语音广播等方面被广泛应用。

（2）计算机视觉和图像处理技术。计算机视觉技术是通过计算机对图像和视频进行分析和理解，以获取图像中的信息和意义。它涉及图像获取、预处理、特征提取、目标检测、图像分类等一系列任务。图像处理技术是对数字图像进行一系列操作和算法，涉及改善图像质量、提取特征、进行图像增强或去噪等，最常见的图像处理技术包括滤波、边缘检测、图像重建等。计算机视觉与图像处理技术的应用场景丰富，例如自动驾驶、医学影像分析、安防监控、图像搜索与推荐等方面。在自动驾驶方面，计算机视觉与图像处理技术通过感知和理解道路、交通标志、行人等元素，使自动驾驶系统能够做出准确的决策和行驶路径规划。在医学领域，传统人工智能技术对肿瘤检测、疾病诊断、器官分割等医学影像的处理和分析，提供更准确、快速的诊断结果，辅助医生做出决策。在安防监控领域，可以执行目标检测、行为分析等任务，实现对异常行为的识别和警报，提高安全性和监控效率。在图像搜索与推荐方面，计算机视觉与图像处理技术通过提取图像特征，实现基于图像的搜索和相似图像的推荐，改善用户体验和增加精准度。

（3）机器人技术。作为传统人工智能的重要分支，涵盖了从硬件设计到软件算法的多个领域。随着科技的不断进步，机器人技术的应用范围不断扩大，从工业生产到医疗保健，从家庭服务到农业领域，都能见到机器人的身影。工业生产方面，机器人可以自动完成重复性、危险或高精度的任务，提高生产效率和质量，在装配、焊接、搬运等环节取得了广泛应用。在医疗保健领域，手术机器人可以协助医生进行精确的手术操作，减少创伤和手术风险；护理机器人可以为患者提供长期照顾和监护，从而改善医疗服务的效率。在家庭服务领域，智能家居机器人可以帮助家庭进行清洁、安防、家电控制等任务，提高家庭生活的便利性和舒适度。在农业与农业机械化领域，农业机器人自动完成种植、喷洒、收割等农业任务，提高农作物的产量和质量，降低劳动力成本。

然而，尽管传统人工智能技术在许多领域中取得了重大的突破和成功，但其仍然存在明显的劣势和不足。

（1）缺乏通用性：传统人工智能通常只能解决特定领域的问题，缺乏通用性。在一个领域非常有效的模型和算法在其他领域可能不适用，需要重新设计和训练。这导致了传统人工智能在处理复杂、模糊或跨领域问题时存在限制。

（2）对数据质量和量的依赖：传统人工智能的性能和准确性受限于特定场景训练数据的质量和量，对输入数据的质量和准确性要求较高，对数据的噪声、缺失或误差比较敏感。如果数据质量低或数量有限，传统人工智能可能无法提供准确的结果。

（3）缺乏推理和创造性思维：传统人工智能缺乏推理和创造性思维的能力。对于处理复杂问题、创新和灵活性要求较高的任务，传统人工智能可能会表现出局限性，例如在处理复杂、模糊的问题时可能表现不佳。

和传统人工智能相比，通用人工智能是一种更高级别的人工智能形式，具有更广泛的适应性和灵活性，能够在推理决策、知识表示、规划、学习和交流沟通等各种不同的领域和任务中表现出类似人类的智能水平，具有更广泛的适应性和灵活性。通用人工智能具有如下明显的特征。

（1）快速学习和知识迁移能力：通用人工智能可以从大量的数据中进行学习，并将学到的知识应用于解决新问题。它可以从多种渠道获取知识，包括结构化数据、非结构化数据、语言交流等，并通过自主学习和迭代的方式改进并适应自己的行为。它还可以通过观察及分析环境中的模式和规律来获取知识，并将其应用于新的情境和问题中。通用人工智能具备快速学习和适应新任务的能力，可以从少量的样本和反馈中进行学习，并迅速调整自身的策略和行为以适应新的任务和环境。它具备将已学习的知识和经验从一个领域迁移到另一个领域的能力。它还能够发现和利用不同领域之间的相似性和共享的模式，将已有的知识和技能应用于新的领域。

（2）创新创造能力：通用人工智能可以通过模拟人类的创新思维过程，从已有知识中推导出新的思路和创意，生成新的想法、概念、假设；它可以通过组合、变换和重新配置已有知识的方式创造新的解决方案；它还可以通过探索、实验和尝试的方式，发现新的解决方案和方法，并参与到创新团队和项目中，主动寻找和发现新的信息、模式和规律，将其应用于新的情境和问题中。

（3）推理和抽象能力：通用人工智能可以识别和理解问题中的模式和关系，并基于这些模式进行逻辑推理和演绎推理，从已知的事实和规则中推导出新的结论。它还可以进行高级的推理和逻辑思考，能够处理模糊、不完整和不确定的信息，并做出合理的决策和判断，以及对未来情况的预测。

（4）自主判断和决策能力：通用人工智能系统能够在不断变化的环境中做出自主决策，而不仅是执行预先设定的规则。它可以根据当前的情境和目标来评估不同的选择，并选择最合适的行动。它能够自主地生成新的思路和创意，并具备解决复杂问题的能力。

（5）语言理解和高水平交流能力：通用人工智能系统能够理解人类语言，并且可以同时处理多种感知模态的信息，如图像、语音和文本等。它能够以多种方式与人类进行交互和沟通，与人类进行交流和对话，可以通过语言来获取信息、提出问题和表达意图，进而实现与人类的沟通和合作。

（6）多领域灵活适应的能力：通用人工智能系统不仅可以在单一领域中发挥作用，还可以在多个不同的领域中进行学习和应用。它能够进行跨任务的推理和决策，可以利用已有的知识和推理能力，在不同领域和任务中进行问题求解和决策，具备更广泛的应用能力。它能够在不同的任务和环境中灵活地适应和应对挑战，具备灵活解决不同领域问题的能力。它可以根据问题的特点和要求，灵活调整自身的策略和方法，以获得最佳的解决方案。

二、曙光已现，迎来通用人工智能时代

为什么 ChatGPT 会在短时间内引起全球如此大的关注并给相关产业带来如此大的变化呢？这一次的 AI 技术变化和以往又有何不同？

在 AI 研究最有挑战的语言处理领域，ChatGPT 展现了人类才具备的认知和推理能力，实现了前所未有的突破。以 ChatGPT 为代表的大模型技术所体现的认知和推理能力体现在以下五个方面。

第一，理解人类意图和记忆的能力。大模型有着强大的核心理解、推理及记忆能力，能够与人类实现持续互动沟通，理解人类的意图，回复提问内容的准确性大幅提升。和传统聊天机器人相比，ChatGPT 的交流回答流畅、答案准确、更有逻辑。

第二，通用性和多任务泛化学习能力。大模型的通用性很强，有着举一反三的通用学习能力，在多种自然语言、图片、音频、视频等方面均具有学习和处理的能力。

第三，与人类价值保持一致的"对齐"能力。对某些问题的观点尽管会因为训练数据原因导致偏见，但是在经过一定强化训练之后，对一些偏见和非法指令，系统能够做到拒绝回答或者对不合理问题进行提示。这在一定程度上缓解了人类对其可能出现的安全性和偏见的担忧。同时，ChatGPT 在不断跟人沟通过程中，也会向人类价值"看齐"。

第四，与人思维相似的"自觉"特征。沟通中遇到出错的地方，ChatGPT 能够自己承认错误；遇到不会回答的问题它自己能够识别并且指出；发现有问题的地方，它也能够大胆提出质疑。这在一定程度上具备了人类思维的"自觉"特征。

第五，理解需求后的强大"创造"能力。ChatGPT 在信息获取、处理、创作、学习、工作等诸多方面，将大幅度减轻人类负担，带来效率革命。和人类相比，大模型训练的数据量很大，可以说是百科全书，在不少特定任务的完成上比很多普通人更有优势，和以往人工智能方法下小模型的能力相比，大模型表现出了明显的"泛化能力"。

以上的第一至第四点是 ChatGPT 的基础，第五点是应用。人类梦寐以求的人工智能，正是既能够听从人类安排，又可以智能帮助人类实现自我意志的工具。实现双手和大脑的解放，也就是解放人的体力和脑力劳动。

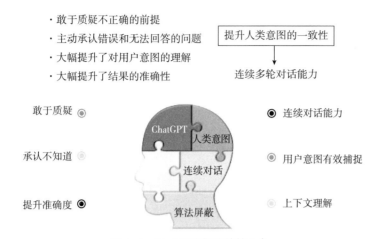

· 敢于质疑不正确的前提
· 主动承认错误和无法回答的问题
· 大幅提升了对用户意图的理解
· 大幅提升了结果的准确性

提升人类意图的一致性

连续多轮对话能力

敢于质疑

承认不知道

提升准确度

ChatGPT
人类意图
连续对话
算法屏蔽

连续对话能力

用户意图有效捕捉

上下文理解

图 1-4 ChatGPT 提升的核心点

资料来源：林惠文 @ 真格基金，《ChatGPT》。

ChatGPT 的这些特点具备了一些通用人工智能的特征，让人类看到了通用人工智能的曙光。随着 GPT–4 推出，微软发表论文《人工通用智能的火花：GPT–4 的早期实验》(Sparks of Artificial General Intelligence: Early experiments with GPT–4)，称 GPT–4 可以被视为通用人工智能的早期版本。GPT–4 不仅能够掌握语言，还能够解决在数学、编码、视觉、医学、法律和心理学等领域中各种新颖且困难的问题，且不需要任何特殊提示。虽然模型所产生的并非人类的意识，与人类意识也不是同一个机制，但是大模型的认知和推理能力，是过去的人工智能技术和模型所不具备的特质，也是最大的变化。这是一项颠覆性的创新技术，代表着强人工智能的拐点出现，是人类走向通用人工智能的新起点。

通用人工智能将带来效率革命，人类智能与机器智能协同融合，人工智能将成为人类智能的延伸，正如历史上蒸汽机、汽车等延伸了人类的体力，人工智能将延伸人类的脑力。人类历史上第一次将大脑从繁杂的脑力劳动中解放出来，是计算机的出现，它辅助脑力内容生产，从而提升了生产效率；以 ChatGPT 为代表的大型语言模型工具的出现，标志着人类历史上的第二次脑力解放，实现脑力生产效率的第二次飞跃。从初步的 AIGC 到未来的通用人工智能，人工智能将作为社会的基础设施带来创造力重估，对人类社会的教育、金融、媒体、医疗、制造、生活等各行各业都将产生深远影响。正如腾讯 CEO 马化腾所言，人工智能是几百年不遇的、类似发明电的工业革命一样的机遇。通用人工智能时代将会诞生一批伟大的公司，其体量和规模将比 PC 时代的微软，互联网时代的谷歌、百度、腾讯、阿里巴巴、亚马逊都要大很多。

——曙光已现，迎接通用人工智能时代！

第二章

通用人工智能与人类文明进程

如果要看前途，一定要看历史。

——毛泽东

第一节 人类历史的千年文明与
千年智能梦

人类的文明史很长，人工智能发展的历程较短；人工智能概念提出的时间较短，但人类对人工智能的畅想却很久远。马克思说："整个所谓世界历史不外是人通过人的劳动而诞生的过程。"人类的发展历史，就是一部劳动史，是劳动创造了历史，是劳动改变了世界。人类在利用和改造自然的同时，也持续追求体力和脑力的解放，希望能够制造出智能机器听从指令，成为人类的助手，代替人类完成辛苦的劳作，就连机器人（robot）这个词原来也是"苦力"的意思。"robot"这个词出最早出自捷克剧作家卡尔·恰佩克（Karl Capek）的喜剧作品《罗素姆的万能机器人》（Rossum's Universal Robots）。

在有文字记载的故事中，从古埃及、古波斯、古印度、古希腊以及古代中国等开始，先民们便有了对智能的憧憬，许多类似智能机器人的神话或者传说、诸多能工巧匠的作品，例如中国的偃师、鲁班、墨子的自动化机械"神器"，古埃及可以活动的神像，古印度会飞的神庙，古希腊赫菲斯托斯所造的黄金机器人塔罗斯等，无一不是其中的典型代表，每个民族都用自己的智慧创造出了有着他们独特文化色彩的智能梦。这些神话和传说都有一个共同的特点：能工巧匠制造好机器，并且赋予其思想和意识，使之具有人的心智和行为表现。

古埃及关于智能梦的传说最早可以追溯到公元前 800 年，古埃及人建造一座名为阿蒙的塑像，塑像的双手可以自由活动（由藏在其中的人利用杠杆来控制），宗教信徒们便认为能工巧匠们为塑像赋予了宗教思想和意识。无独有偶，在古印度的神话中，空中宫殿瓦耶乌可以根据主人的意志自由飞行，还可以随意改变大小；在北欧的神话传说中，海神尼奥尔德的船"斯基德布拉德"可以自由缩放，随风而行。以上的两个例子兼备了"孙悟空的金箍棒＋现代无人机＋现代智能家居"优势能力组合的特点。

相比起来，古希腊和古代中国关于智能机器人的传说是最多的，描写也极为生动，有很强的趣味性和故事性。以下选取了几则供读者欣赏。

（一）古希腊：神造黄金机器人塔罗斯

赫菲斯托斯是古希腊神话中奥林匹斯十二主神之一，是宙斯和赫拉的儿子（或由赫拉独生），是古希腊神话中的火神、锻造与砌石之神和雕刻艺术之神。赫菲斯托斯打造了一个名叫塔罗斯的青铜巨人，其身体构造和人类几乎无异。根据宙斯的命令，塔罗斯的使命是守护宙斯童年生活玩耍的克里特岛。塔罗斯身形巨大，是普通人身的三倍，他视力极好，可以看到几十公里远的地方。他每天沿着克里特岛的海岸线绕岛飞行巡逻三圈，能够快速识别克里特岛的入侵者，一旦发现有陌生的船只和人类靠近，便会向舰船投掷巨大的石块或是使用光和火将入侵者驱逐出去。

塔罗斯全身由青铜铸就，可以通过他透明的上半身看到内部构造，其内部有一个金属容器装有"灵液"，这个金属容器中插着许多粗细不一的管子，"灵液"储存着众神赋予他的生命之源，灵液在管子中的灵动驱动塔罗斯走路和在空中飞行，飞行时塔罗斯的双脚还会有火焰喷出。他有一根血管从颈部直通到膝盖处，用铜钮遮盖起来，而这正是他致命的地方。塔罗斯的头脑中被植入了"锁定陌生人"的系统，既可以运动和工作，也使他具有人的自我意识和情感，这比我们今天无人飞行器的功能还要强。

常言道，英雄难过美人关，如此强大的塔罗斯却败在了"石榴裙下"。在《阿尔戈英雄记》末卷中，古希腊的英雄伊阿宋与阿尔戈乘坐的船意外闯入了克里特岛，塔罗斯坚守他护岛的职责，用巨石袭击船队。伊阿宋与阿尔戈抵挡不过，而正当危难之际，却得到了一位美艳的女巫美狄亚出手相救。美狄亚是柯尔基斯王国的公主，她是一位极具魅惑力的女人，此外，她还擅长催眠、施咒和炮制魔药。美狄亚知道塔罗斯的构造和弱点，于是她利用"心智控制术"，成功让塔罗斯疯狂地迷恋上了她，也因此塔罗斯对她失去了防备。趁着塔罗斯不注意，美狄亚一把拔掉了塔罗斯膝盖处的青铜钉子，塔罗斯身上那些众神赋予生命之源的"灵液"便流了出来，塔罗斯支撑不住倒下了，美狄亚打开塔罗斯的身体外壳，割断了用来运输"灵液"的管子，巨人塔罗斯再也没有起来，他的躯体被海水淹没，春去秋来，年年复复，人们再也没见到过塔罗斯，只有克里特岛那无尽的长夜相伴和海风吹过。

（二）中国西周：偃师创造自动人偶

在古代中国西周时期，工匠偃师制作了一台能够歌舞、表现情感的机器人送给了周穆王，机器甚至还有五脏六腑和真实的心脏，让周穆王感到十分惊奇。这个故事记录在《列子》当中，原文描述如下。

周穆王西巡狩，越昆仑，不至弇山。反还，未及中国，道有献工人名偃师，穆王荐之，问曰："若有何能？"

偃师曰："臣唯命所试。然臣已有所造，愿王先观之。"

穆王曰："日以俱来，吾与若俱观之。"

翌日，偃师谒见王。王荐之曰："若与偕来者何人邪？"

对曰："臣之所造能倡者。"

穆王惊视之，趋步俯仰，信人也。巧夫镇其颐，则歌合律；捧其手，则舞应节。千变万化，惟意所适。王以为实人也，与盛姬内御并观之。技将终，倡者瞬其目而招王之左右侍妾。王大怒，立欲诛偃师。偃师大慑，立剖散倡者以示王，皆傅会革、木、胶、漆、白、黑、丹、青之所为。王谛料之，内则肝、胆、心、肺、脾、肾、肠、胃，外则筋骨、支节、皮毛、齿发，皆假物也，而无不毕具者。合会复如初见。王试废其心，则口不能言；废其肝，则目不能视；废其肾，则足不能步。

穆王始悦而叹曰："人之巧乃可与造化者同功乎？"诏贰车载之以归。夫班输之云梯，墨翟之飞鸢，自谓能之极也。弟子东门贾禽滑厘闻偃师之巧，以告二子，二子终身不敢语艺，而时执规矩。

（三）墨子和鲁班：制作会飞的木鸟

墨子名翟，是春秋末期战国初期思想家，墨家学派创始人和主要代表人物，他提出了一套包括几何学、物理学和光学的理论体系。鲁班又名公输班，具有高超的制造技术水平，成为了古代劳动人民智慧的象征。

在春秋战国时期，中国的墨子和鲁班都制造过木鸟。《墨子·鲁问》记载："公输子削竹木以为鹊，成而飞之，三日不下，公输子自以为至巧。子墨子谓公输子曰：'子之为鹊也，不如匠之为车辖，须臾刘三寸之木，而任五十石之重。故所为功，利于人谓之巧，不利于人谓之拙'。"鲁班制造的木鹊可以连飞三天而不落地，墨子认为没什么大用，鲁班觉得有道理，后来制造出许多百姓实用的器具，被几千年来中国的木匠们尊称为祖师爷。

上面的几则故事都充满趣味和故事性，反映了古人对智能化的渴望和梦想。几千年以来，东西方的历史中都有关于智能梦想的传说，在西方中世纪关于炼金术一些文字记载中，就有不少机器智能的传说。中国自秦汉三国及隋唐以来，例如智能梳妆台、自动倒酒机器人、自动拜佛机器人等相关文字记载比比皆是。

到了近现代，随着科技的进步，人类对于人工智能的梦想不仅没有随着时间而磨灭而且越来越丰富，人工智能一直是很多科幻小说和电影中重要的主题。小说方面，从玛丽·雪莱（Mary Shelley）的《弗兰肯斯坦》和卡雷尔·恰佩克的《罗素姆的万能机器人》开始，到后来的《2001 太空漫游》《机器之心》《模拟人生》《少数派报告》《天眼》等，人工智能题材的科幻小说不断涌现。而在电影方面，1920 年上演了第一部人工智能主题的电影《大都会》；随后 20 世纪 50 年代福克斯公司发行的《地球停转之日》，是好莱坞人工智能元素电影的起点。美国是人工智能技术最早产生和最为发达的地方，之后随着历史环境和人工智能技术的发展美国 AI 相关的电影呈现不同的主题内涵，既有对未来的想象，也包含着对 AI 的担忧；既有对智能科技改变未来的想象，也有人类和机器关系的思考。种种题材，层出不穷。

第二节　人工智能的科技历史文化思想源头

梦想驱动人类，科技成就梦想。在上一节，我们复盘了人类千年文明和千年智能梦。接下来我们从人类思维和科技的源头来探究人工智能产生前人类的科技探索史，摸清人工智能从哪里来，重温人类数千年来在科技探究中走过的艰难而又有趣的伟大历程。

一、逻辑推理从符号化到运算化的思想

（一）亚里士多德：逻辑推理符号化的思想

回顾人工智能的思想源头，要从古希腊的哲学家亚里士多德说起，他研究如何以正式的方式进行例行思考，在其经典著作《工具论》中他提出了形式逻辑的一些主要定律，他的推理三段论由大前提、小前提、结论三部分组成，三段论的形式如下：

大前提：所有 A 都是 B。

小前提：所有 C 都是 A。

结论：所有 C 都是 B。

他开创的方法将思维逻辑转化符号进行推理，最终演变成通过计算机来推理计算。

（二）莱布尼茨：逻辑推理数学化的构想

戈特弗里德·威廉·莱布尼茨（Gottfried Wilhelm Leibniz），生于 1646 年，德国哲学家、数学家，在世界哲学史和数学史上具有重要地位，被誉为十七世纪的亚里士多德。他和牛顿各自独立从不同角度发明了微积分，他发明了微积分的链式法则，这是后来人工神经网络训练和学习的思想来源。同时他还发明了二进制，1703 年莱布尼茨发表文章《论只使用符号 0 和 1 的二进制算术，兼论其用途及它赋予伏羲所使用的古老图形的意义》，二进制的发明对后来半导体和计算机的诞生产生了非常重要的影响，二进制容易通过物理期间实现，可以用电流的高电压和低电压等形式来表示，通过二进制"0"和"1"的组合，能够演绎出计算机世界中的千变万化，PC、互联网、移动互联网、云计算、大数据、人工智能层出不穷。

在亚里士多德等前人研究的基础上，莱布尼茨考虑到他的微分符号和积分符号的特殊意义，由此产生了一组字母表或者符号来代表逻辑，莱布尼茨在其著作《神正论》中提出，采用一种通用符号语言进行理性推理计算的设想，"这种语言是一种用来代替自然语言的人工语言，它通过字母和符号进行逻辑分析与综合，把一般逻辑推理的规则改变为演算规则，以便更精确更敏捷地进行推理"，他的这个思想暗含一个假设，就是一切理性和语言推理都能够以数学化表达和计算，演算的规则将体现这些命题之间所有的逻辑关系。莱布尼茨认为，"就一种更广的意义来说，语言的历史也就是一般人类心灵发展的历史"。莱布尼茨的思想为数理逻辑的产生奠定了基础。

莱布尼茨提出了他的设想，将他的设想变成行动这个伟大历史使命则落到了下一位科学家身上。

（三）布尔：打通逻辑实现计算化的道路

乔治·布尔，1815 年生于英格兰，19 世纪最重要的数学家之一。思维活动的基本推理法则是布尔首次在其著作《思维法则》中所提出的。1854 年，他出版的著作《思维规律的研究》一书中系统地阐述了一种新的运算规则和现在以他名字命名的布尔代数。布尔将逻辑真伪表示数量的符号只能取 0 或 1。一个无论多么复杂的逻辑问题，都可以通过公式推演，带入数值计算得出结果。布尔代数是现代计算机运行的基础，比莱布尼茨的构想前进了一步，真正打通了逻辑和计算的道路。一个题外话，布尔的重孙就是今天全球鼎鼎有名的"深度学习之父"杰弗里·辛顿（Geoffrey Hinton）。

布尔代数中数值 1 或 0，是代表状态与概念存在与否的符号。主要运算法则包括结合律、交换律、分配律、吸收律、幂等律等10 种，如下所示：

（1）结合律：$(A+B)+C=A+(B+C)$，$(A \cdot B) \cdot C=A \cdot (B \cdot C)$。

（2）交换律：$A+B=B+A$，$A \cdot B=B \cdot A$。

（3）分配律：$A \cdot (B+C)=(A \cdot B)+(A \cdot C)$，

$\quad\quad\quad\quad (A+B) \cdot C=(A \cdot C)+(B \cdot C)$。

（4）吸收律：$A+A \cdot B=A$，$A \cdot (A+B)=A$。

（5）幂等律：$A+A=A$，$A \cdot A=A$。

（6）反演律：$(A+B)'=A' \cdot B'$。

（7）对合律：$(A')'=A$。

（8）互补律：$A+A'=1$，$A \cdot A'=0$。

（9）零一律：$A+0=A$，$A \cdot 1=A$。

（10）极元律：$A+1=1$，$A \cdot 0=0$。

至此，问题进展得很顺利，实现构想的方法似乎已经具备。然而，要能够实现逻辑推理进行数学化表达和运算，这其中还有一个核心问题就是，整个数学系统完备且一致吗？

二、遭遇挫折，数学系统并非完备且一致

怀着美好的愿望，德国著名的数学家大卫·希尔伯特（David Hilbert）提出了他的问题和计划，也就是后来闻名的"希尔伯特

问题"和"希尔伯特计划"。

希尔伯特是 20 世纪最伟大的数学家之一，他希望将整个数学体系建立在坚实的基础上。1900 年 8 月 8 日的巴黎第二届国际数学家大会上，希尔伯特做了一个主题为《数学问题》的演讲，提出了数学界应当努力解决的 23 个数学问题，为此他制订了一个宏大的计划，这就是后来著名的希尔伯特计划。希尔伯特提出数学机械化和形式化，他认为数学应该被形式化地表示，以便能够用精确的语言来描述数学概念和定理。他还强调了数学的逻辑基础，认为数学应该建立在严格的逻辑体系之上：第一步，将所有数学形式化，每一个数学上的描述都能够用符号表达出来，避免自然语言的模糊和含混；第二步，用"证明数学的数学"来证明整个数学体系是完备的，不会推出自相矛盾的结论，证明数学；第三步，找到一个算法，直接通过计算来判定数学陈述的对错。

然而，理想是丰满的，现实却往往出乎意料。希尔伯特的想法深深地影响了伯特兰·罗素（Bertrand Russell），罗素非常认同其计划，并和他的老师阿尔弗雷德·诺斯·怀特海（Alfred North Whitehead）合著了巨著《数学原理》。一位名叫哥德尔的青年在看了罗素的书后有了自己独特的思考，他的博士论文课题就是要研究"在形式系统中，真的命题是否都是可证明的？"结果就是哥德尔利用希尔伯特和罗素著作中所提倡的工具"数学逻辑形式化"来证明了：第一条，任意数学系统若包含了算术系统，则该系统不可能同时是完备且一致的；第二条，任意包含算术系统的数学系统，无法在系统内部证明其一致性。用大白话来说就是基本的算数系统存在不能证明也不能证伪的问题，系统并不完备也并不具有一致性，有可能会推出自相矛盾的问题来。这样的冲击是非常巨大的，"以子之矛，攻子之盾"，由此也证明了希尔伯特计划是不可行、是失败的，这后来还引起了第三次数学危机。事情发展至此，前景似乎一片黯淡。

那么就这样结束了吗？如果是这么简单，人类也就不会有发展，更不会有今天的文明。事物总是呈现螺旋式上升和发展的，往往柳暗花明又一村。刚开始时山是山水是水，第二阶段山非山水非水，第三阶段山还是山水还是水，但此山非彼山，此水非彼水。事情不是简单地重复，关闭了一扇门又打开一扇窗，换一个思路就会迎来一片新景象。

三、种瓜得豆，创造人工智能诞生条件

时间来到 20 世纪，英国一位叫艾伦·麦席森·图灵的青年在读了罗素的《数学原理》后，他知道哥德尔证明了基础数学是不完备的，同时他换了一个思路来证明这个问题：如果设计一个能模拟"机械计算"的简单机器完全模拟这个整体的计算过程，那么即证明希尔伯特的构想是对的，而只要有一个问题不能被这个

机器计算，那么这就是不可能判定的问题。停机的问题，无法通过图灵机来判断，也就证明了希尔伯特的设想是错的。

1936 年，在《论可计算数及其在判定问题上的应用》一文中，图灵提出了图灵机原型的设想。图灵机的操作如图 2-1 所示：有一条无限长的纸带，上面划分成了许多小方格，每个方格都有不同的颜色。有一个读写头在纸带上移动，其内部有一些状态和固定的程序。每个时刻，读写头都要从当前纸带上读取一个方格的信息，然后在自己的程序表中查找对应的程序，根据程序输出信息到纸带上，并更新自己的内部状态，最后继续移动。

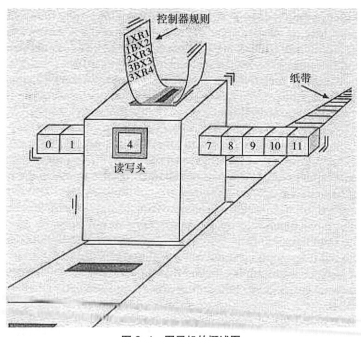

图 2-1　图灵机的概述图

资料来源：百度百科。

1938 年，也就是图灵设计出图灵机后的两年，另一位青年才俊克劳德·艾尔伍德·香农（Claude Elwood Shannon）在他的硕士论文《继电器与开关电路的符号分析》中分析称，布尔代数中的"真"与"假"，与电路系统中的"开"与"关"相互对应，并使用数字"1"和"0"来表示。香农的这一理论创新为数字电路理论奠定了基础，香农是信息论的创始人，也是著名的数学家。1948 年香农发表论文《通讯的数学原理》，这篇论文奠定了现代信息论的基础，并提出"信息熵"的概念，即一条信息的信息量大小和它的不确定相关，信息的不确定性越大，熵也就越大。

$$H(X) = -\sum_x P(x)\log_2\left[P(x)\right]$$

图灵于 1936 年发表的《论可计算数及其在判定问题上的应用》论文被一位名叫约翰·冯·诺依曼（John Von Neumann）的美籍匈牙利数学家、物理学家、计算机科学家看到，他认为可以根据图灵的理论来设计未来的计算机。于是在 1945 年，冯·诺依曼设计了第一台二进制电子计算机，这台电子计算机所采取的架构就是如今广为人知的"冯·诺依曼架构"，如图 2-2。将程序指令存储器和数据存储器合并在一起，计算机由五个部分构成，分别是运算器、控制器、存储器、输入设备、输出设备。通用图灵机是计算机理论模型，冯·诺依曼架构是工程逻辑模型。图灵发明图灵机的初衷只是为了证明希尔伯特问题的不可判性，但无心插柳柳成荫、无意种树树成林，一个影响了全人类的创新由此便诞生了，为人类的未来发展打开了新天地，从物理世界走向信息世界，走向智能世界，走向更高阶段更加绚烂的文明，其意义不亚于人类历史上轮子的发明。正是有了计算机，才为人工智能的发展提供了计算的条件，若没有计算机的产生这个先决条件，便不会有我们今天的人工智能。

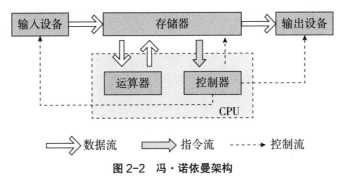

图 2-2 冯·诺依曼架构

资料来源：百度百科。

1946 年，世界上第一台通用电子计算机"ENIAC"在美国宾夕法尼亚大学宣告诞生。

1950 年，图灵在其论文《电脑能思考吗？》中提出了"机器思维"的概念。同年，图灵发表论文《计算机器与智能》，"图灵测试"一词由此而来。图灵测试是一种测试机器是否具有智能的方法，在这个测试中，测试者与被测试者隔开（一个人与一台机器），通过一些装置向被测试者随意提问。如果机器能够以高于30%的误判率回答问题，那么它就被认为是通过了测试。

历史脉络行进至此，计算机诞生了、图灵测试提出来了、信息论产生了。这些事物就单个而言，其产生或是偶然；但若是从整体人类科技文明发展的历程来看又是必然，是几千年来思想家、科学家们孜孜不倦、继承创新、不断探索实践的成果，是天时地利人和、内因和外因交会的产物，是科学技术发展的必然。诚如哲学上说的那句话，偶然中有必然，必然中有偶然。

科技探索就像十月怀胎，事物产生正如一朝分娩。随着创新、技术等客观条件，以及当时科学认知等主观条件的成熟，一个新事物、一个即将带给人类社会发展巨大改变的"婴儿"——"人工智能"即将诞生。

第三节　人工智能的发展历史和道路探索

一、改变世界的"婴儿"——人工智能诞生

时间来到 1956 年 8 月，美国东北部新罕布什尔州汉诺威镇达特茅斯学院宁静优美的校园内，一群数学、心理学、电气工程等专业背景各异的科学家正聚在一起，利用暑假时间进行封闭式研讨，他们此次讨论的主题是：用机器来模仿人类学习以及其他方面的智能。

达特茅斯会议

会议名称：人工智能夏季研讨会（Summer Research Project on Artificial Intelligence）

会议主题：用机器来模仿人类学习以及其他方面的智能

赞助单位：洛克菲勒基金会

预算金额：13 500 美元（其中 7 500 美元用于会议支出）

会议时间：1956 年 6 月 18 日至 8 月 17 日（2 个月）

参会嘉宾：约翰·麦卡锡（John McCarthy）

马文·明斯基（Marvin Minsky）

克劳德·香农（Claude Shannon）

雷·所罗门诺夫（Ray Solomonoff）

艾伦·纽厄尔（Allen Newell）

赫伯特·西蒙（Herbert Simon）

阿瑟·塞缪尔（Arthur Samuel）

奥利弗·塞尔福里奇（Oliver Selfridge）

纳撒尼尔·罗切斯特（Nathaniel Rochester）

特兰查德·摩尔（Trenchard More）

这次会议的发起人是约翰·麦卡锡。麦卡锡生于美国波士顿，因在人工智能领域的贡献于 1971 年获得图灵奖。其在 1956 年的达特茅斯会议上提出了"人工智能"这个概念，因而被称为"人工智能之父"。

1953 年夏天，麦卡锡和马文·明斯基都在贝尔实验室工作，由于研究兴趣点不同以及麦卡锡认为香农有些时候过于理论化，因此麦卡锡和时任 IBM 第一代通用机 701 的主设计师纳撒尼尔·罗切斯特商量后，准备开展一次研讨机器模拟智能的会议。

会议邀请哪些人参加呢？麦卡锡首先想到了马文·明斯基，当时二人共事，且早在 20 世纪 50 年代读研究生时二人就认识。

1950 年，马文·明斯基和他的同学邓恩·埃德蒙建造了世界上第一台神经网络计算机。麦卡锡和罗切斯特一起说服了香农和明斯基，历时两个月撰写了一份项目建议书，并寻求到了洛克菲勒基金会的资助。

会议的主要议题有以下 7 个方面：

- 自动计算机
- 如何为计算机编程使其能够使用的语言
- 神经网络
- 计算规模理论
- 自我改进
- 抽象
- 随机性与创造性

当时谁也没有想到这次会议是一个非常具有重大历史意义的会议，只有马文·明斯基、雷·所罗门诺夫和约翰·麦卡锡三人全程参加了为期八周的研讨会，其余人都是按照自己的时间安排来来去去。

麦卡锡给会议起了个名字：人工智能夏季研讨会（Summer Research Project on Artificial Intelligence）。这是"人工智能"这个词第一次出现在历史舞台，由此标志着人工智能作为一门新兴学科诞生了，就像一个婴儿，十月怀胎，呱呱坠地，终于来到了这个世界！

——1956 年，便成了人工智能的元年。

二、体系的分类：两大智能和三大主义

（一）两大智能

人工智能是一门跨学科领域，旨在研究、开发用于模拟、延伸和扩展人类智能的理论、方法、技术和应用系统。

人工智能的本质在于模拟人类思维的信息过程，在模拟过程中，可以采用结构模拟或功能模拟的方式。结构模拟是通过仿照人脑的结构机制制造出"类人脑"的机器；而功能模拟则是通过其功能过程进行模拟，暂时忽略人脑内部结构。

根据智能化程度，人工智能可以分为专用人工智能（弱人工智能）和通用人工智能（强用人工智能）两大阶段。另外，也有观点主张分为弱人工智能、强人工智能、超人工智能三大类。

1. 专用人工智能

专用人工智能又称为弱人工智能，或是窄人工智能。

专用人工智能无法像人类一样真正具备推理和解决问题的能力，尽管外在上可能表现得很智能，但这一类人工智能并没有真正的智能和自主意识。它们只能在特定的环境中运行，通常是在比最基本的人类智能更多的限制和约束的情况下对人类智能进行模拟，并专注于执行一项特定的任务。以智能搜索、图像识别、会话机器人、机器人顾问、自动驾驶汽车、垃圾邮件过滤器等为代表的应用场景都属于弱人工智能的范畴。这类系统通常在某一特定领域表现出色，但是缺乏广泛的认知能力。目前许多人工智能应用，如语音识别和图像识别等，也属于弱人工智能的范畴。

专用人工智能在某些领域比人类更具优势，能够将人类从琐碎繁杂的工作中解放出来，为人类决策提供辅助，同时为开发更高水平的通用人工智能提供基础。

2. 通用人工智能

通用人工智能，又称为强人工智能，是能够像人类一样思考、学习和适应环境的人工智能系统。它不仅能够执行特定的任务，还能够自主地进行创新和决策。与弱人工智能不同，强人工智能可以理解语言、感知世界、推理和学习，具有高度的智能化水平。

根据 MBA 智库百科的观点，通用人工智能必须具备以下特点：

- 自动推理，使用一些策略来解决问题，在不确定性的环境中作出决策

- 背景知识，包括常识知识库

- 自动规划

- 迁移学习

- 使用自然语言进行沟通

- 整合以上这些手段来达到同一个目标

（二）三大主义

三大主义是指符号主义、联结主义和行为主义，在人工智能的研究中各有侧重，简单概况来说，符号主义主要研究抽象思维，联结主义则关注形象思维，而行为主义则探究感知思维。

1. 符号主义

符号主义，又称逻辑主义、心理学派或计算机学派。这是在人工智能历史上曾长期占据主导地位的流派。

符号主义学派是由赫伯特·西蒙和艾伦·纽厄尔合作创立的人工智能重要学派。该学派认为，智能行为是对符号的操作，最初的符号与物理客体相对应，主张将符号作为人工智能的基本元素，人工智能的运行建立在由符号构成的数理逻辑之上。

符号主义的思想源头可以追溯到逻辑学，其最初的目的是实

现逻辑演算的自动化。符号主义学派将符号视为人工智能的基本元素，并基于由符号构成的数理逻辑系统运行人工智能。符号主义学派代表人物有人工智能先驱西蒙、心理学家纽厄尔、麦卡锡、马文·明斯基等。

1956 年，西蒙、纽厄尔和约翰·克里夫·肖（John Chiff Shaw）成功开发了世界上最早的启发式程序"逻辑理论家"。该程序证明了罗素与怀特海著作《数学原理》中的 38 个定理。西蒙和纽厄尔在演讲稿《作为经验探索的计算机科学：符号和搜索》中阐述了符号的概念：符号是符合物理定律的，可以通过技术手段实现，而且符号、表达式和过程三者共同构成了一个物理符号系统。

符号主义学派最大的成就是专家系统。1965 年第一个专家系统 DENDRAL 诞生，20 世纪 80 年代初至 90 年代初是专家系统的黄金十年。到了互联网时代，电子商务崛起，专家系统演变成为规则引擎，在电商的营销推荐、征信、风控等领域大量应用，降本增效成果显著。

2. 联结主义

联结主义，又称仿生学派或生理学派。该学派的主要原理是利用神经网络和神经网络之间的连接机制以及学习算法来模拟生物神经系统。联结主义试图使机器模拟大脑，通过建立一个类似人脑中神经元的模拟节点网络来处理信号。

1943 年，沃伦·麦卡洛克（Warren McCulloch）和沃尔特·皮茨（Walter Pitts）发表论文《神经活动内在思想的逻辑演算》（A Logical Calculus of the Ideas Immanent in Nervous Activity），由此奠定了联结主义的理论基础。在人工智能的早期阶段，联结主义并非占据主流。

1957 年，康奈尔大学实验心理学家弗兰克·罗森布拉特（Frank Rosenblatt）发明了一种名为"感知器"（Perceptron）的神经网络模型，在当时引起了轰动。然而随着 20 世纪 70 年代第一波人工智能低潮的出现，联结主义的势头逐渐走低。

1982 年，约翰·霍普菲尔德（John Hopfield）提出了一种新的神经网络，该网络由若干个节点（也称为"神经元"）和若干条连接线组成，每个节点都与相邻的若干个节点相连。节点之间的连接线代表权重，而权重则代表了节点之间相互作用的强度。网络的整体稳定性取决于节点之间的相互关系以及权重的调整方式。随着霍普菲尔德神经网络的提出，联结主义迎来复苏。

2006 年后，人工智能深度学习网络崛起，特别是近年来以 ChatGPT 为代表的大模型算法崛起，联结主义成了人工智能时代的主流。

3. 行为主义

行为主义的理论基础最早要追溯到诺伯特·维纳（Norbert

Wiener）于 1948 年提出的"控制论"理论，后来由该理论发展演化为人工智能中的行为主义学派。

行为主义的主要思想就是专注于主体与环境的相互作用，通过模拟动物的"感知－动作"使一个智能体不断调整行动，改变自己的状态，与环境进行交互，并通过奖励规则来评估调整的效果，最终复制出人类智能。行为主义从还原论的立场出发，认为应该放弃对意识的研究，而专注研究人和动物等有机体的行为。在人工智能研究的历史中，很长时期内行为主义远不如符号主义和联结主义受重视，直到在 20 世纪末期，行为主义正式成为一个新的学派。

深度学习逐步成为主流以来，行为主义和联结主义走向协同发展之路，强化学习就是一种典型的行为主义，从 AlphaGo 到近期大火的 ChatGPT 都采用了强化学习来提升交互体验。

三、人工智能的发展历史以及演进脉络

发展至今，人工智能几经起伏，有高潮、有低谷，呈现波浪式前进的态势。人工智能从诞生至 20 世纪 80 年代，符号主义占据主流，最有代表性的成果就是专家系统。自 20 世纪 80 年代末至 90 年代，联结主义逐渐崛起，随着互联网、云计算等的兴起，算力崛起、海量数据为联结主义的发展带来了历史性的机遇

和客观条件。2006 年，杰弗里·辛顿提出的深度信念网络（Deep Belief Network，简称为 DBN）将人工神经网络带入深度学习时代，由此，联结主义成为人工神经网络方法流派的主流。回顾过去，人工智能的发展历史周期可以归纳为四大阶段。

第一阶段：基于逻辑推理和规则匹配技术的符号主义为主

该阶段的时间跨度从 1943 年至 1986 年，这是人工智能发展的早期阶段，主要采用符号主义的方法，即基于逻辑推理和规则匹配等技术，将人类思维方式和语言能力转化为计算机程序。在这个阶段，研究人员开始尝试使用计算机来模拟人类的智能行为，并开发了一些早期的人工智能系统，如 ELIZA、SHRDLU 等。

1943 年至 1974 年，是人工智能的第一次浪潮，人工智能研究领域提出了许多新的理论和方法。然而，从 1974 年至 1980 年，人工智能经历了第一次低谷期，由于一些技术和理论上的问题，以及对人工智能应用的质疑和担忧，各国对人工智能研究投入大幅减少。随着时间的推移，1980 年至 1986 年期间，人工智能进入了第二次繁荣发展期，专家系统发展迎来高潮，利用专家知识来提高人工智能系统的准确性和效率成为研究热点。此外，神经网络的各种新理论和新算法的进展为后来人工智能的发展奠定了基础。

第二阶段：联结主义复兴、神经网络崛起以及深度学习算法突破

1987 年至 1993 年，是人工智能研究的一个重要时期，也是

人工智能的第二次低谷期，人工智能领域面临一些挑战和困难，专家系统进入寒冬。然而，正是在这个时期，神经网络技术重新获得重视，迎来复兴；同时，一些其他的研究方向基于概率的方法、模糊逻辑等也开始引起关注，为后续的人工智能发展打下了基础。1993 年至 2010 年，人工智能迎来了第三次浪潮和创新加速期，机器学习、自然语言处理、计算机视觉、推理及知识表示、强化学习等在这一时期出现了很多新的算法和应用，特别是 2006 年杰弗里·辛顿等研究人员提出了深度学习概念后，开启了深度学习的热潮，人工智能研究再上一个新的台阶。

第三阶段：联结主义为主，人工智能迎来深度学习爆发期

2011 年至 2017 年，是人工智能发展的第四次浪潮，也是人工智能深度学习爆发期。在这个时期，随着计算机技术和算法的不断发展，人工智能技术得到了快速提升和普及。特别是在深度学习领域，神经网络等技术的发展使得机器能够从海量的数据中自动提取特征和规律，并进行智能决策和推理。这个时期的人工智能应用范围非常广泛，涵盖了自然语言处理、图像识别、语音识别、智能推荐、自动驾驶等多个领域。例如，谷歌的 AlphaGo 在围棋比赛中击败了世界冠军，标志着人工智能在游戏领域的突破；而在医疗领域，人工智能可以通过分析大量的医学影像数据，辅助医生诊断疾病。

第四阶段：大模型掀起第四次科技革命，迎来通用人工智能

时代

2018 年开始，人工智能迎来了第五次浪潮，以人工智能大模型的提出和 ChatGPT 技术突破为标志。生成式人工智能技术的出现掀起第四次科技革命的浪潮，为通用人工智能的实现拉开了序幕。相比传统的人工智能，大模型技术具备了更高水平的自然语言处理和生成能力，能够进行更加智能、自然的对话交互，不仅可以回答问题、提供信息，还能完成创造性的文本生成、情景模拟等任务，使其与人类的对话更加流畅、自然。生成式人工智能的出现使人类更接近于构建一个能够理解和表达复杂信息的智能系统，具备更强大的学习能力和适应性，能够从大量的数据中提取知识，并将其应用于各种实际场景中，为通用人工智能的实现带来了新的希望和路径，随着研究和创新不断推进，我们有理由相信，通用人工智能将为人类社会带来更加深远的变革和影响。

第四节　人类发展正迈入智能文明新阶段

历史的大潮滚滚向前，回望人类文明的进程，走过原始文明、农业文明、信息文明，正迈进智能文明的大门，特别是随着通用人工智能技术的发展，生产力实现巨大突破，将开启人类的新文明与新征程。探究人类文明规律，要从文明的源头说起。人类文明是人类社会在历史进程中形成的一系列文化、社会、经济和政治要素的综合体，这些要素相互作用、相互影响，共同构成了人类文明的多维度特征。

原始文明：人类最早的发展阶段大约出现在石器时代，那时的人们主要通过采集和狩猎来获取生活必需品。该阶段人类发明了如石器、弓箭等工具并学会了使用火，这些文明成果对原始文明的发展起到了非常重要的作用。

农业文明：人类从狩猎采集阶段逐渐转向农业生产阶段，在农业文明的发展过程中，生产力得到了极大的提高，特别是青铜器、铁器等科技成果的出现。人类开始使用各种工具来辅助农业生产，如锄头、犁、耙等，这些工具的使用使得农业生产效率大大提高，为人类社会的发展奠定了坚实的基础。伴随着生产力的进步，文字、造纸、印刷术等科技成果也相继而生，加快了人类文明的传播。

工业文明：始于 18 世纪 60 年代英格兰中部地区，蒸汽机的发明及运用，标志着人类从手工业时代逐渐转向机器工业时代。在工业文明的发展过程中，电动机、发电机和内燃机等的发明，使得生产力得到了极大的提高，人们开始使用如纺织机、蒸汽机等机器和工具来生产商品。工业革命开始后，随着技术和科学的发展，全球贸易和工业化进程加快，为人类社会的发展带来了巨大的推动力。

信息文明：信息文明的出现和发展是人类社会发展的重要里程碑，以计算机技术和各种新兴技术为支撑，人类的生产、生活和文化方式进入了一个新的时代。在信息时代，人们通过互联网信息技术打造出一个虚拟空间，将虚拟与现实连成一体，信息资源成为社会生活最重要的战略资源，掌握和获取信息成为社会生活当中非常重要的内容。在信息时代，知识创新将成为常态，人们将获取的各种信息加以整合与创新，人类的视野得以不断拓展。

智能文明：随着通用人工智能技术的突破，人工智能技术将渗透至各行各业，人类的生产力也将得到极大提升，政治、经济、文化、教育等各行各业将迎来高度智能化，一种新的文明，即智能文明应运而生。"AI +"和"互联网 +"一样，将是整个社会的基础设施，相比互联网时代，在智能文明下信息获取和传播不仅更加便捷化，同时兼具个性化、自动化、智能化及创造性。智能创造和人类创造相互交融、相互促进，人工智能将人类从复杂且重复的体力和脑力劳动中解放出来，使人类有更多的时间和精力做更多新的创造和探索。以大数据为基，以智能计算为魂，新创造、新思路、新方式将随之打开，代表人类更高文明形态的智能文明正在向我们走来。

从原始文明到智能文明，每一轮新文明的产生，都离不开科学技术的进步，而科学技术的进步，则离不开人类对于科学思想和文化的探索。

两千多年前人类文明的轴心时代，那时的中国大致是处于春秋战国时期，这是一个人类思想大爆发的时代，中西方均涌现出一大批思想家和学者，如古代中国的老子、墨子，古希腊的泰勒斯、毕达哥拉斯、赫拉克利特、德谟克利特、阿基米德、欧几里得、苏格拉底、柏拉图、亚里士多德等，他们探究世界和自然的规律，并先后提出一系列新的思想和理论，赓续至今。古希腊先贤们通过不断地观察、分析，总结了一系列基本的经验、规范、规律，逐渐形成自然哲学这一门新的学科。

随着自然哲学研究的推进，到了 17 世纪，科学界出现了一位伟大人物——意大利科学家伽利略，伽利略在前人探究的基础上，加入数学来计算推导，通过实验进行验证，使研究成果可重复、可验证，自此，自然科学应运而生。历史的时间来到 1643 年 1 月 4 日，英格兰林肯郡格兰瑟姆附近沃尔索普村的伍尔索普庄园内一个婴儿呱呱坠地，当时谁也不知道这个孩子的出生将会给人类和世界带来如此大的改变，他就是享誉全球的大科学家艾萨克·牛顿。牛顿发明了微积分，在吸收前人研究的基础上，他提出了"牛顿经典力学三大定律"，即在宏观世界和低速状态下物体运动的规律、星体的运转和物体是受到力学科学规律的支配。从此科学的地位得到极大提高。伽利略和牛顿的理论研究为第一次科技革命奠定了理论基础。

19 世纪，法拉第和麦克斯韦建立了电磁力学基础。1831 年，法拉第做出了关于电力场的关键性突破。19 世纪中叶麦克斯韦提出完整的电磁场方程。电磁力学概念的建立，为第二次工业革命打下了理论基础。

20 世纪，量子力学诞生，这是一个由当时科技领域众多科学家共同创立的学科体系，包括马克斯·普朗克、尼尔斯·玻尔、沃纳·海森堡、埃尔温·薛定谔、沃尔夫冈·泡利、路易·德布罗意、马克斯·玻恩、恩里科·费米、保罗·狄拉克、阿尔伯特·爱因斯坦、康普顿等。此外，诺伯特·维纳的"控制论"和香农的"信息论"也是在 20 世纪先后提出的。这三大理论，共同构建了第三次科技革命的理论基础。

科学思想和理论的突破，促进了科技革命的产生。自 18 世纪以来，大致上每过 100 年就会发生一次科技革命。

第一次技术革命：18 世纪 60 年代至 19 世纪中叶，又称为工业革命。18 世纪 60 年代，随着蒸汽机的发明和使用，人类进入工业文明时代。大机器生产成为工业生产的主要方式，工业革命所产生的巨大生产力，令人类社会发生了翻天覆地的变化。

第二次技术革命：起于 19 世纪 70 年代，1866 年德国人西门子发明了工业用发电机，19 世纪 70 年代美国人贝尔发明了电话，1879 年爱迪生发明了电灯，19 世纪 90 年代意大利人马可尼试验无线电报取得了成功。第二次技术革命以电器的广泛应用为最显著特征，由此，人类进入电气化时代。

第三次技术革命：以原子能、电子计算机、空间技术及生物工程的发明和应用为主要标志，是一场信息控制的新技术革命。1946 年美国宾夕法尼亚大学诞生了电子数字积分计算机，1964 年诞生了第一台 IBM 大型机，1964 年至 1971 年出现了小型机，20 世纪 80 年代出现了个人电脑，20 世纪 90 年代互联网诞生。随着通信技术的进步，21 世纪移动互联网出现，云计算、大数据技术等兴起，电商、移动支付等应用层出不穷，极大地改变了人们生活，提高了社会生产效率和信息传输效率。

现今，人类来到第四次新技术革命——智能革命。对比四次科技革命我们看到，第一次和第二次科技革命，机械化带来生产力的巨大飞跃，解放了人类体力劳动；第三次科技革命，使人类对信息的处理更加高效和便捷，解放了人的脑力劳动；第四次科技革命，人工智能技术将延伸人的脑力劳动，在很多细分领域如人脸识别上，机器的能力超越了人类，但与此同时，人工智能也有诸多不足。人类有人类大脑擅长的领域，人工智能有人工智能擅长的领域，人工智能擅长领域可以作为人脑的补充，人机协同，共创未来。

每一轮的新技术变革都不是凭空产生，而是在上一次技术革命成果基础上，探求新领域和新规律，实现新突破。在新一代人工智能技术突破的三大基础条件——算力、算法、数据，第三次技术革命下云计算和大数据产业的兴起，为第四次技术革命人工智能的新技术突破奠定了算力和数据的条件。智能技术和智能产业的兴起，特别是以 ChatGPT 为代表的人工智能新技术的突破，让人类看到了通用人工智能的曙光，给人类带来无穷的热情和新的希望！

通用人工智能作为一种具备与人类智能相当甚至超越人类智能的人工智能形态，将在人类新文明的塑造中产生潜在而深远的影响，对人类新文明的潜在影响包括但不限于经济、社会、文化、伦理等多个领域。

一是，经济影响：通用人工智能的普及将为人类社会带来广泛的自动化，从制造业到服务行业，许多重复性和烦琐的任务将由机器智能完成。这将提高生产效率，减少劳动成本，但也可能导致部分工作岗位的消失。同时智能系统的广泛应用将推动各个领域之间的交叉融合，例如医疗健康、智慧城市、可再生能源等，催生出新的商业模式和创业机会，促进新兴产业的发展。人类将需要适应新的职业和工作模式，在经济结构和资源分配方面，某些行业可能面临调整和转型，资源的分配也需要重新考虑，以确保社会公平和可持续发展。

二是，社会影响：通用人工智能的普及将改变人与人之间的社会关系以及人机互动方式。人们将更频繁地与智能机器进行交互合作，智能助手将成为常态，且对人们的情感、道德和社会认同产生深远影响，因此需要进一步探索和引导。人们的工作时间和生活方式也可能发生变化，自动化和智能系统的普及可能使人们的工作时间更加灵活，工作与生活的平衡将成为重要议题。通用人工智能时代的教育将更加注重培养人们的创造力、批判性思维和适应性技能，以应对智能时代的挑战。

三是，文化影响：通用人工智能可以理解和生成人类语言，使得跨文化交流更加便捷和无障碍，借助通用人工智能技术，人们可以轻松地与来自不同文化背景的人进行交流，促进跨文化之间的相互理解和融合。通用人工智能为文化创作和艺术领域带来了新的可能性，可以生成音乐、绘画、电影剧本等创作，以及自动生成文章和诗歌，这种创作方式扩大了文化创作的范围和创意的可能性，为艺术家和创作者提供了新的工具和创作灵感，有利于推动艺术的多样性和创新。

四是，伦理与道德考量影响：通用人工智能的应用需要确保人类尊严和权益得到尊重。人机关系的建立和规范将成为重要议题，确保机器智能服务于人类的利益，而不是取代或剥夺人类的自主性和尊严。人类需要思考和解决智能机器的道德问题，例如决策的可解释性、公正性、隐私保护和权益保障等，以及如何避免通用人工智能带来的不平等和社会分化。

第三章

通用人工智能的技术演变脉络

工欲善其事，必先利其器。

——《论语·卫灵公》

第一节　从符号主义到深度学习的技术探索

一、从兴起至早期发展，符号主义为主的阶段

（一）兴起：人工智能发展第一次高潮

1.初步模拟人脑机制，提出人工神经元模型

人类大脑的生物神经元细胞由细胞体和突起两部分构成，细胞体联络和整合输入信息并传递输出信息，突起由细胞体延伸出来且生出细分的触手，通过这些触手和其他神经元相连，形成神经网络。突起又分为树突和轴突，树突用来接收其他神经元传递过来的信号，轴突用来向其他神经元输出信号。当刺激的输入信号强度超过阈值的时候，神经元细胞就会形成兴奋状态，反之低于该阈值的时候，神经元细胞就处在抑制状态。生物神经元细胞的信号传递特点给了人造神经元模型的建立带来了启发。

1943 年，美国神经生理学家、控制论专家麦卡洛克和数理逻辑学家皮茨提出了人工神经网络的概念及人工神经元的数学模型，即麦卡洛克 – 皮茨神经元模型，也称 M–P 神经元模型，该模型是后来人工智能发展的基础理论之一。1941 年，麦卡洛克搬到

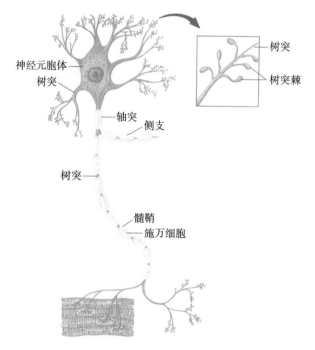

图3-1 人体神经元结构

资料来源：百度百科。

芝加哥，在伊利诺伊大学芝加哥分校担任神经生理学教授。1942年，经朋友介绍麦卡洛克认识了皮茨，皮茨此时正在芝加哥大学攻读博士。麦卡洛克和皮茨对神经科学与逻辑学均有浓厚的兴趣，并且二人都坚信数学模型可以模拟人类大脑的功能。1943年，两人在《数学生物物理学通报》上发表了共同研究成果——《神经活动内在思想的逻辑演算》（A Logical Calculus of the Ideas Immanent in Nervous Activity），建立了第一个人工神经元的数学模型。该模型利用二进制开关中"开"和"关"的机理来模拟大脑神经元的兴奋和抑制，把神经元当成一种二值阈值的元器件，神经元最后的输出取决于输入总和，通过一个激活函数来判定是激活兴奋还是抑制。同时，两人还证明了通过该模型实现"与""或""非"等基础的逻辑运算。

2. 建立神经元的学习法则：赫布定律

受到伊万·彼得洛维奇·巴甫洛夫（Ivan Petrovich Pavlov）的狗实验中条件反射例子的启发，1949 年，心理学家唐纳德·赫布（Donald Olding Hebb）在《行为的组织》（The Organization of Behavior）一文中描述了神经元学习法则，这一法则后来被称为"赫布定律"。

巴甫洛夫是苏联生理学家、心理学家以及高级神经活动生理学奠基人，他的条件反射理论对心理学发展影响非常大。我们先来看看巴甫洛夫的狗反射实验：每次给狗喂食之前，会先摇响一下铃铛，使铃铛声音对狗的神经刺激和食物联系起来，训练一定长时间之后，铃铛再响了但没有食物，狗依然会流口水。

受到巴甫洛夫实验的启发，赫布提出了一个新的理论规则：当同一时间被激发的两个神经元之间的联系得到加强，它们之间的记忆就会更加牢固，从而记住它们之间存在着的联系。相反，如果两个神经元未同步激活，那么两者之间的联系就会逐渐减弱。这是一种无监督学习的模型，通过调节感知到的输入信息联系程度强弱来进行学习。赫布学习规则为神经网络的学习算法奠定了基础，后来被发现适用于强化学习等领域。

3. 从图灵测试理论到人工智能概念的诞生

1950 年，距离人工智能概念提出还有 6 年时间，行业发展依然处在朦胧的阶段。就在这一年，图灵提出"图灵测试"、图灵机等，从此机器产生智能的想法进入了更多人的视野。同年，另一位伟大科学家香农在《哲学杂志》上发表《编程实现计算机下棋》（Programming a Computer for Playing Chess），由此开启计算机下棋博弈的研究，影响深远，后续人工智能进步的多次标志性时间也都与下棋有关。时间到了 1956 年，在达特茅斯会议正式提出人工智能概念之后，感知器、机器定理证明、跳棋程序、机器学习、人机对话、模式识别、问题求解、专家系统等引人注目的研究成果如雨后春笋般破土而出，人工智能迎来第一次繁荣的高潮。

4. 最简单的神经网络学习算法"感知器"出现

1957 年，在前人研究的基础上，心理学家弗兰克·罗森布拉特提出了感知器模型（见图 3-2）。

感知器模型由两层神经元组成，第一层是输入层，信号通过输入层传递到输出层；输出层是一个 M-P 神经元模型，通过输出层的神经元的激活函数来判定输出的结果。

看似和神经元模型相似，却是有不同：一是神经元模型的输入是其他神经元的输出，感知器的输入是一层神经元。二是神经元的输出信号只能是 0 或者 1，而感知器使用线性函数激活，模型的输出值可以是连续的。三是神经元模型的参数不能被学习，感知器的每一条输入信号都设置有系数，可以根据输出结果对输入系数进行调整来学习，动态更新参数。

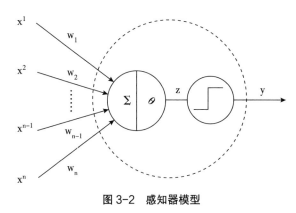

图 3-2　感知器模型

资料来源：CSDN。

1962 年，罗森布拉特出版了《神经动力学原理：感知器和大脑机制的理论》，该书集成了他多年对于感知器研究的成果。

5. 资金投入和项目落地，发展势头正盛

1958 年，美国国防部高级研究计划局（DARPA）斥资数百万美元至人工智能领域。就在这一年，约翰·麦卡锡开发出后续几十年人工智能最主要的编程语言 LISP，这是后来专家系统的重要

工具。麦卡锡和明斯基先后转到麻省理工学院工作，合作创建了该校的人工智能项目，后来发展成为世界上第一个人工智能实验室。另外，就在这一年，美籍华裔数理逻辑学家王浩在定理证明方面也有突出贡献，成为机器证明领域的开创性人物代表之一。1958 年，王浩用 IBM–704 机器证明了《数学原理》一书中有关命题演算的 220 条全部定理，机器运行的过程只需几分钟。这里要顺便提到的是，麦卡锡在 1962 年时离开麻省理工学院，前往斯坦福大学协助建立了斯坦福人工智能实验室。

紧接着的 1959 年，世界上第一台工业机器人诞生。到 1961 年时候，通用汽车在新泽西的一家工厂安装了 Unimate 机械臂，这是一个液压机械臂，可用于自动化金属加工和焊接，此举开创了世界制造业生产方式的变革。西洋跳棋方面，亚瑟·塞缪尔（Arthur Samuel）在 IBM 的首台商用科学计算机 IBM 701 中编写的西洋跳棋程序战胜了西洋跳棋大师罗伯特尼赖，世界为之震动，人们沉浸在对未来人工智能巨大潜力的畅想之中。这里值得一提的是，塞缪尔的西洋跳棋程序算法会对所有可能的跳法进行搜索，通过"推理即搜索"，比较选出最佳跳法。另外，在模式识别方面，约翰·塞尔弗里奇（John Selfridge）推出了一个模式识别程序。

6. 机器学习之父明确界定了机器学习的概念

1958 年至 1959 年，人工智能不仅在实践上产出多，理论产出上也有了新的进步。"机器学习之父"阿瑟·塞缪尔给机器学习进行了明确的概念界定：机器学习是研究如何让计算机不需要显式的程序也可以具备学习的能力。前文所述，塞缪尔在 1952 年研发的西洋跳棋程序将许多高手都打败了，一时间声名鹊起。这样的故事后来在人工智能历史上多有发生，包括 2016 年谷歌的人工智能 AlphaGo 战败世界围棋冠军。到了 1956 年，塞缪尔在达特茅斯会议上提出了"机器学习"这个词，故而塞缪尔被人称为机器学习之父。

1967 年，托马斯等人提出 K 近邻算法（K-Nearest Neighbor，简称为 KNN），这是一种最简单的机器学习算法，是在一个特征空间里面，如果一个样本附近的 K 个最近样本中的大多数都是某个类别，那么这个样本就是属于这个类别，这个算法适合用于分类和回归问题。

7. 首台聊天机器人和通用移动机器人诞生

1964 年，世界上第一台聊天机器人诞生，该机器人于 1966 年首次对外展示。开发这款聊天机器人的是麻省理工学院人工智能实验室德裔计算机科学家约瑟夫·维森鲍姆（Joseph Weizenbaum）和精神病学家肯尼斯·科尔比（Kenneth Colby），他们给聊天机器人起了一个动听的名字伊莉莎（Eliza）。这是世界上第一款真正意义上的聊天机器人，尽管她和我们今天以 ChatGPT 为代表的聊天机器人相比聊天能力要弱太多，但依然令当时的很多人对其产生聊天依恋。与伊莉莎对话时，用户使用键盘写入句子并按下回车键，聊天机器人回复响应。然而，仔细探究其聊天机理便会发现是上当了，伊莉莎并不真正懂得人类，她很多时候只是颠倒一下对谈人的句子语序或者换个词，用我们今天的说法就是善于"逢迎应付"。用户提一个问题的时候，伊莉莎会在系统里面检索是否有对应词的解释，如果是遇到一个陌生问题，为了避免出洋相，伊莉莎会回答得不痛不痒，而这是人为设定的程序规则，与今天ChatGPT 有些时候一本正经胡说八道的技术机理是不同的。不管怎么说，限于当时的技术条件，自然语言理解技术尚未取得突破性进展，能够做到这个程度已经是相当不错了。

1966 年，世界上通用的移动机器人"Shakey"开始研发，项目的负责方是由查理·罗森（Charlie Rosen）领导的美国斯坦福研究所，该机器于 1968 年研制成功。Shakey 装备了电子摄像机、三角测距仪、驱动电机和碰撞传感器，由两台计算机控制，移动速度缓慢，只能够简单感知周围环境。尽管今天看起来比较笨拙，但以当时的技术装备和算力水平来说，已经是最先进的水平了。

1967 年，日本早稻田大学启动了 WABOT 项目，至 1972 年，其第一代机器人产品 WABOT-1 面世，该机器人每走一步需要 45 秒且一步只能够走 10 厘米，虽然"四肢齐全"，但是行动比较迟缓。

8. 历史上最早的人工智能威胁论提出

1965 年，英国数学家欧文·约翰·古德（Irving John Good）发表了一篇文章，主要探讨了有关人工智能的威胁。古德认为，超级智能以及智能爆炸最终会超过人类的能力，人类会失去控制，他写道："第一台超智能机器将是人类的最后一项发明。"该理论与霍金、马斯克、辛顿等人对人工智能的威胁警告，可以说是一脉相承。

9. 专家系统首次登上历史的舞台

时间来到 1968 年，这是一个非常值得纪念的年份，这一年人工智能历史上首个成功投入使用的专家系统研制成功，由此孕育了后来 20 世纪 80 年代人工智能的第二次浪潮，成功地影响了此后 20 年人工智能的发展，也使得专家系统在人工智能历史发展中占据非常重要的地位。专家系统是人工智能的一个重要分支，通过使用专家系统，现实世界中的复杂问题能够得出与人类专家相同的结论。

首套由斯坦福大学研制的专家系统 DENDRAL 拥有丰富的化学知识，通过分析质谱仪的光谱，帮助化学家判定分子结构，其分析能力接近甚至超过了有关专家。DENDRAL 的研发团队核心人物是爱德华·费根鲍姆（Edward Feigenbaum）和乔舒亚·莱德伯格（Joshua Lederberg），费根鲍姆是著名的人工智能科学家；

莱德伯格是遗传学家、细菌遗传学的创始人之一，曾获诺贝尔医学奖。

10. 明斯基的批评将人工神经网络引入十年低潮

1969年，国际人工智能联合会议（International Joint Conferences On Artificial Intelligence，简称为 IJCAI）成立，标志着人工智能这门新兴学科得到了全世界的肯定。1970 年，美国斯坦福大学计算机教授特里·威诺格拉德（Terry Winograd）开发了人机对话系统"积木世界操纵程序"（SHRDLU），能够分析语义、理解语言。专家系统方面，1972 年，斯坦福大学的爱德华·肖特利夫（Edward H. Shortliffe）等人开始研制专家系统 MYCIN，该系统主要用于诊断和治疗感染性疾病。1973 年，隐马尔可夫模型被用于语言识别，错误率比之前降低了三分之二。

然而，就在一切都积极向好的时候，一个来自符号主义代表人物马文·明斯基的批评经过不断发酵，成了将人工智能的发展引入低潮的导火索。而这或许是当时谁也没有料到的。

1969 年，明斯基在其著作《感知器》一书中批评罗森布拉特的感知器连"异或（XOR）"的逻辑函数都不能学习计算，其他更多的例如计算连通性的拓扑函数等就更是无法解决，感知器及其扩展研究是没有前途的。就当时的理论算法和算力等条件，这些问题确实没法解决，虽然后来人工智能的发展印证了明斯基的判断是武断的，以后提出的诸多人工神经网络的算法仍然有罗森布拉特的感知器理论基础。但明斯基的批评在实际上使得人工智能的研究从 1974 年开始总体上进入"寒冬"。1971 年，感知器的提出者罗森布拉特在他生日的那一天溺水身亡，时年 43 岁。

明斯基批判感知器的训练等诸多问题，让人感到人工神经网络已经前途渺茫。事实上，历史上很多事情的发展都不是一帆风顺的，总是在危机中孕育新机。就在第二年，即 1970 年，芬兰的硕士生塞波·林纳因马（Seppo Linnainmaa）率先发表了反向传播（Back Propagation，简称为 BP）算法，这为后来人工智能各种反向传播的算法奠定了思想基础。

（二）遇阻：人工智能发展第一次低潮

1974 年开始，人工智能进入低潮期，这一阶段持续至 1980 年。回顾从人工智能产生至 1974 年遭遇的第一次"寒冬"，人工智能发展从最开始期待就很高，然而理想很丰满现实很骨感，当时的算法水平、计算机算力水平等都不可能达到期望目标的程度，那个时候全世界不像今天有海量的大数据和雄厚的算力作为基础。任何事情的产生需要依托于客观条件。明斯基的批评只是导火索，此次人工智能发展的低潮本质上还是当时人们的主观期望超越了客观事物的发展进程，于是失望增多、投入减少。1973 年，数学家詹姆斯·莱特希尔（James Lighthill）向英国政府提交了一份研究报告，报告中严厉批评了机器人技术、图像识别技术、语言处理技术等诸多人工智能技术，直接指出以前对人工智能的期待过高，所制定的那些宏大目标根本无法实现。此后，各国政府和机构便停止或者减少了对人工智能的投入。

1. 基于误差的反向传播网络提出

1974 年，基于误差的反向传播网络首次提出，这是一个用来训练人工智能网络的方法，该网络是由哈佛大学的保罗·韦伯斯（Paul Werbos）提出。BP 算法的基本思想是用误差的导数（梯度）去调整网络连接权重，让误差不断收敛从而逼近目标，而不是像感知器那样用误差本身。但很可惜当时的人们并没有重视这个算法的价值，该算法直到 20 世纪 80 年代才真正受到重视。

2. 专家系统进展快速

1975 年，马文·明斯基提出了用于人工智能中的知识表示学习框架理论。1976 年，专家系统在医疗、金融、财务、会计、生产制造等多个领域广泛使用。1972 年，斯坦福大学的医疗咨询系统 MYCIN 开始建造，并于 1978 年完成，该系统用于帮助医生对传染性血液病患进行诊断；地矿勘探专家系统 PROSPECTOR 对矿藏资源进行估测和推断；兰德尔·戴维斯（Randall Davis）大规模支持库的构建和维护。1977 年，爱德华·阿尔伯特·费根鲍姆（Edward Albert Feigenbaum）在第五届国际人工智能联合会议上提出"知识工程"的概念。美国数字设备公司（DEC）的专家系统 XCON 根据用户需求进行计算机配置只需 30 秒，而当时的专家完成这个任务需要 3 个小时。

3. 遗传算法等新理论、新技术的探索和发现

1975 年，约翰·霍兰德（John Holland）提出遗传算法，从此建立起人工智能的遗传学派。

1976 年，斯坦福大学的勒纳特发表的论文《数学中发现的人工智能方法——启发式搜索》。启发式搜索（Heuristically Search）又称为有信息搜索（Informed Search），利用问题拥有的启发信息来引导搜索，达到减少搜索范围、降低问题复杂度的目的。1977年基于逻辑的机器学习系统由海斯·罗思（Hayes Roth）提出，但是没有投入实际使用，这个系统只能学习单一概念。

1979 年，汉斯·贝利纳（Hans Berliner）开发的双陆棋计算机战胜了当时的世界冠军。斯坦福大学制造了一台无人驾驶车，在没有人工干预的情况下基于视觉用几个小时的时间可以穿过散乱的房间。

4. 卷积神经网络的雏形提出

1979 年，日本科学家福岛邦彦（Kunihiko Fukushima）博士

提出一种用于模式识别的神经网络 Neocognitron，这是最早的卷积神经网络雏形，使用了卷积和下采样。卷积神经网络可以自动学习图像中的特征，比人为手工设计的特征更精确和强大，在后来的深度学习中将有更大的价值，我们在后面的介绍中还会提到。

（三）再起：人工智能迎来第二次高潮

在这个时期，人工智能以专家系统为典型代表，并逐步从实验室走入应用发展阶段，从一般性探讨转到专门知识的深入突破，被全世界的公司采纳，推动人工智能的研究进入一个新的高潮。

1. 专家系统取得巨大成功，将人工智能推上新高潮

1980年，美国卡耐基梅隆大学为 DEC 公司制造出 XCON 专家系统，这个专家系统在决策方面提供的内容价值很大，每年能够帮助 DEC 公司节省约 4 000 万美元。在 XCON 专家系统取得了很大的成功之后吸引了众多企业投入，大约三分之二的世界 500 强企业开始开发和部署各个领域的专家系统，专家系统越来越普遍，据统计，当时大约一个星期就会有一家这方面的公司成立。1982 年，匹兹堡大学的兰道夫·A. 米勒（Randolph A. Miller）等人研发了内科计算机辅助诊断系统 Internist-I，该系统拥有当时最大的知识库。

20世纪80年代日本经济腾飞，对人工智能方面的投资规模加大。1981年，日本政府拨款8.5亿美元投入第五代计算机项目，宣布以10年为期，制造出能够与人类对话、翻译语言、解释图像并能够像人类一样推理的计算机。但以这个目标来看，现如今的人工智能水平都尚未完全达到。在1980年至1985年期间，日本政府在人工智能领域的投入超过10亿美元，此外，其他国家政府也纷纷跟进，对人工智能投入巨额资金并支持大量项目。其中，英国投资了3亿英镑到Alvey工程。美国几十家大公司在1982年联合成立微电子与计算机技术公司（MCC），这家公司在1984年发起了一个专家系统项目Cyc，希望打造一个包含全人类全部知识的专家系统。同一时期，中国在专家系统方面也取得了不少成绩，其中以医学方面的专家系统最为显著，1981年，中医痹症计算机诊疗系统研制成功；1982年，基于滋养细胞疾病诊治的计算机诊断医疗专家咨询系统得以设计实现。

这一时期，"知识处理"成为主流人工智能研究的焦点。1983年，《建立专家系统》出版，作者是美国斯坦福大学教授芭芭拉·海斯–罗思（Barbara Hayes-Roth）；1985年，《专家系统：人工智能业务》出版，作者是美国加利福尼亚大学教授保罗·哈蒙（Paul Harmon）。

2. 机器学习和机器人研究的新进展

1980 年，第一届机器学习国际研讨会在美国卡内基梅隆大学召开，此次研讨会的开展标志着机器学习在全球兴起。1982 年，大卫·马尔（David Marr）提出计算机视觉（Computer Vision，简称为 CV）的概念，并在他 1988 年出版的著作《视觉计算理论》中构建了系统的视觉理论。

机器人研究方面，1980 年，R. P. 保罗（R. P. Paul）出版了第一本机器人学课本。1986 年，罗德尼·布鲁克斯（Rodney Brooks）发表题为《移动机器人鲁棒分层控制系统》的论文，由此，机器人研究开始把注意力转移到实际工程中去；同一年，由雷伊·雷蒂（Raj Reddy）主持的 Navlab 自动驾驶车原型完成，该自动驾驶车在计算机视觉和路径规划等诸多方面突破了许多重大技术。

3. 霍普菲尔德网络和玻尔兹曼机的产生

1982 年，约翰·霍普菲尔德提出一种递归神经网络（Recurrent Neural Network，简称为 RNN），这在后来被称为"霍普菲尔德网络"（见图 3-3）。霍普菲尔德网络结构从输入到输出有全反馈的连接，提供了模拟人类记忆的模型，保证向局部极小收敛。任意一个神经元都用其他神经元的状态和神经元之间的连接权重系数来计算和更新状态。霍普菲尔德的研究成果令人工智能研究学界为之一新。

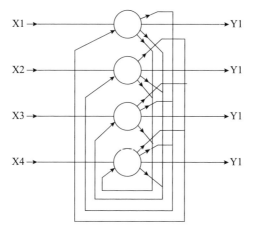

图 3-3　霍普菲尔德神经网络结构

资料来源：百度百科。

1983 年，特伦斯·谢诺夫斯基（Terrence Sejnowski）和杰弗里·辛顿等人提出玻尔兹曼机（Boltzmann Machines），其是由许多双向连接的神经元组成，每个神经元只有"开""关"两个状态，神经元之间的连接权重是对称的。玻尔兹曼机和霍普菲尔德网络最大的不同和创新是使用了概率性函数，刺激网络"跑出"局部能量的最低状态，能够有可能收敛到全局能量最低的状态，从而获得问题解决的最优解。玻尔兹曼机在本质上是一种无监督模型。

这里要特别提到的是，玻尔兹曼机的提出人之一辛顿教授，在本书第二章里曾提到过，他是数理逻辑的创始人乔治·布尔的后人，后面我们还将多次提到他，包括 BP 训练和多层次神经网络结合、深度学习等在内的许多贡献将人工智能的研究推上了新的阶段。

4.辛顿教授等人的杰出贡献，开启人工神经网络的复兴

1986年，杰弗里·辛顿和大卫·鲁梅哈特、罗纳德·威廉姆斯提出，使用反向传播算法可以大幅降低人工神经网络训练的时间。同一年，杰弗里·辛顿等先后提出把BP算法和多层感知器（MLP）相结合的方法。至此，人工神经网络的发展，在历经多年低潮期艰难探索之后，迎来了新的春天。

二、神经网络复兴，深度学习网络提出

（一）专家系统遇冷，神经网络再兴起

1.专家系统盛极而衰、遭遇寒冬

1987年开始，苹果和IBM公司的个人电脑性能不断升级，虽然没有利用人工智能技术，但是性能比昂贵的LISP机器更好。相比而言，专家系统应用狭窄且维护成本很高。人工智能的硬件市场需求急剧下降，各家商业企业对人工智能不再追捧，人工智能的科研经费投入再次被削减，DARPA的下设组织战略计算促进会对人工智能的投入大幅削减。到了1991年，日本的"第五代工程"并没有如期实现。至此，人们对专家系统产生了信任危机。

2.神经网络、机器学习迎来复兴

1986年，辛顿等专家提出用BP算法和多层次感知器结合的

方法之后，很快便引起了人工智能研究领域学者的兴趣，人工神经网络迎来复兴。1987 年，亚历克斯·瓦贝尔（Alex Waibel）提出延时神经网络（TDNN）。

1987 年，在卡耐基梅隆大学攻读博士的李开复开发出了世界上第一个"非特定人连续语音识别系统"，该系统旨在用统计学的方法提升语音的识别率。李开复用三年时间把语音识别的准确度从 40% 逐步提高到 80%、90%，最后达到 96%。

1988 年，美籍以色列裔计算机科学家、哲学家朱迪亚·珀尔（Judea Pearl）提出贝叶斯网络（Bayesian network）。贝叶斯网络是一种概率图形模型，是贝叶斯方法的扩展，是一种模拟人类推理过程中因果关系的不确定性处理模型，也是不确定知识表达和推理领域最有效的理论模型之一。

1989 年，杨立昆（Yann LeCun）对 CNN 进行了改进，首次将 CNN 网络应用于美国邮政系统的手写字符识别，并取得了良好成效。杨立昆 1960 年出生于法国巴黎附近，1987 年至 1988 年在多伦多大学辛顿教授的实验室做博士后，2018 年获得图灵奖，目前担任 Meta 首席人工智能科学家和纽约大学教授。CNN 通常有以下几部分组成：输入层、卷积层、池化层和全连接层。卷积层主要用来提取图像的局部特征，池化层通过下采样（downsamping）减少网络前向运算消耗的内存大小，全连接层结构类似传统神经网络，用来输出结果。

1989 年，乔治·西本科（George Cybenko）证明了可以利用多层前馈神经网络训练来近似任意的函数，这在后来被称为"万能近似定理"。对照 1969 年明斯基对人工神经网络的批评，"万能近似定理"是最好的回应，消除了对人工神经网络能力的质疑，只是时间已经过去了整整 20 年。人工智能的发展和许多新事物的发展一样，都是要经历曲折迂回的。

（二）算法新探索，深度学习网络提出

这一时期，随着互联网的兴起、各种数据应用的丰富，加快了人工智能由实用化方向转为全能型，人工智能研究的中心也从传统的专家系统转为了机器学习方向。

1. 机器学习算法新探索、新发现

1995 年，科琳娜·科尔特斯（Corinna Cortes）和弗拉基米尔·万普尼克（Vladimir Vapnik）提出支持向量机的概念，支撑向量机在小样本、非线性和高位模式识别中有很多优势。支撑向量机是一种二分类模型，是选取在特征空间上的间隔最大的线性分类器，这使之有别于感知器。

1997 年，人工智能领域有两件标志性事件，第一件是德国科学家森普·霍克赖特（Sepp Hochreiter）和尤尔根·施米德胡贝（Jürgen Schmidhuber）提出长期短期记忆网络（Long Short-Term

Memory，简称为 LSTM），LSTM 模型对人工智能后来的发展产生了深远影响，这是一种递归神经网络，到今天仍然用在一些手写体识别和语音识别的应用神经网络算法中。第二件是 IBM 公司研发的深蓝超级计算机在象棋领域大展风采，深蓝超级计算机基于"暴力穷举"，生成所有可能的走法，并对比评估找到最佳走法。最终对弈的结果是深蓝以 3.5∶2.5（2 胜 1 负 3 平）战胜了国际象棋的世界冠军加里·卡斯帕罗夫（Garry Kasparov）。

1998 年，杨立昆提出一种经典的卷积神经网络 LeNet-5 系统，这是现代卷积神经网络的起源之一。该系统有 7 层神经网络，一个输入层、两个卷积层、两个池化层、三个全连接层，其中最后一个全连接层是输出层。LeNet-5 在国际通用的手写体数字识别数据集上测试，正确率接近 99.2%。

2001 年，条件随机场模型（Conditional Random Field，简称为 CRF）和随机森林（Random Forest）算法被提出。2003 年，隐含狄利克雷分布（Latent Dirichlet Allocation，简称为 LDA）被提出，这是一种无监督学习方法，用来推测文档的主题分布。同年，谷歌公布了 3 篇大数据方面的论文，奠定了现代大数据技术的理论基础。

2. 深度学习出现，改变 AI 发展历史

时间来到 2004 年，前文中多次提到的人工神经网络一代宗师——杰弗里·辛顿创立了神经计算和自适应感知（Neural

Computation and Adaptive Perception，简称为 NCAP）项目，该项目获得了加拿大高级研究所（CIFAK）的资金支持。该项目参与成员后来都成为人工智能研究领域的核心力量，包括杨立昆、约书亚·本吉奥（Yoshua Bengio）和华裔科学家吴恩达等。2006 年，辛顿教授和他的学生鲁斯兰·萨拉赫丁诺夫（Ruslan Salakhutdinov）发表论文，正式提出了深度学习的概念，奠定了人工神经网络全新的架构，同时随着算力、算法等外部条件的具备，深度学习逐渐成为人工智能主流方向。杰弗里·辛顿教授由此被称为"深度学习之父"，而 2006 年也被称为"深度学习元年"。

为了让人工智能研究获取到足够数量且可靠的图像资料，2007 年，于斯坦福任教的华裔科学家李飞飞发起创建了 ImageNet 项目，号召大众上传图像并标注图像内容，该数据集为深度学习算法提供了海量的训练数据。自 2010 年起，ImageNet 每年都会举行大规模的视觉识别挑战赛，有力地推动了深度学习算法的普及。

接下来的就是算力的问题。2009 年华裔科学家吴恩达及其团队开始研究使用图形处理器（Graphics Processing Unit，简称为 GPU）来进行大规模的无监督学习运算，在之后的 2012 年取得了非常显著的成效。

（三）迁移学习概念提出

2010 年，潘嘉林和杨强提出了迁移学习（Transfer Learning）

的概念，即一个预训练的模型被重新用在另一个任务中。现代深度学习的巨大价值在于拥有海量数据，但是在许多没有充足数据的领域，能否从相关其他领域的训练中获得迁移学习的能力，这个在实际应用中很重要，有很强大实践价值，因而将迁移学习和深度学习配合，为新规律和新发现的探索增添新的力量。在后来的人工智能发展实践过程中，也印证了迁移学习是一个非常重要的概念。

三、迎来深度学习时代

在 2006 年深度学习算法提出后，人们逐渐认识到了深度学习算法的重要价值。2011 年开始进入深度学习爆发阶段，这个阶段产生了很多优秀的成果。从今天大模型对比的角度来看，2011 年至 2017 年这一阶段可以被认为是以深度学习为核心的小型的发展阶段。

2012 年，辛顿和他学生设计的 AlexNet 神经网络模型在 ImageNet 竞赛中获得图像分类的冠军，比历史上其他模型在 ImageNet 数据上表现得都要出彩，这也迅速激发起整个人工神经网络研究领域的高度热情。AlexNet 是一个经典的 CNN 模型，使用 GPU 来加速训练，应用了数据增强（Data Augmentation）、线性整流函数（ReLU）、退出（Dropout）和局部响应归一化（LRN）等多种方法。

2013 年，变分自编码器（Variational Auto-Encoder，简称为

VAE）和 Word2vec 模型算法出现。VAE 主要是通过将输入的信息作为目标，对输入信息进行表征学习，其基本思路是在编码器端输入真实样本，编码器将其变换成一个理想的数据分布，然后数据分布通过解码器网络端输出，构造出生成样本，通过模型不断训练让生成的样本和输入的真实样本逼近。Word2vec 则是一群用来产生词向量的相关模型，用来表示学习单词分布式。

2014 年，一种名为生成式对抗网络（Generative Adversarial Networks，简称为 GAN）的深度学习模型出现。这是一种无监督学习的网络，训练的时候模型通过两个模块——生成模型和判别模型的互相博弈学习产生输出。生成式对抗网络可以很好地应用于图像生成、绘画等领域，基于 GAN 模型的各种变种算法和许多场景相结合，具有广阔的应用前景。

2014 至 2017 年提出的算法还有很多，包括 2014 年提出的基于流的生成模型（Flow-based Generative Models）、2015 年提出的残差网络（ResNet）模型、2016 年提出的联邦学习（Federated Learning）算法等。残差网络可以用来缓解在深度神经网络中增加深度带来的梯度消失问题，这个算法在后续介绍大模型的时候还会提到。联邦学习算法能有效帮助多个机构在满足用户隐私保护、数据安全和政府法规的要求下，使多个参与者在不共享数据的情况下建立一个共同且强大的机器学习模型。在训练框架方面，2015 年谷歌提出开源深度学习框架 TensorFlow。

　　这期间最广为人知的是 2016 年围棋名将李世石与 AlphaGo 的围棋大战，吸引了全球的注意力。2016 年末至 2017 年初，AlphaGo 在中国棋类网站上以"Master"为账号名称，与中日韩数十位围棋高手进行快棋对决，取得了惊人的 60 连胜。随后的 2017 年 5 月，AlphaGo 在中国乌镇围棋峰会上迎战世界冠军柯洁，以 3：0 的总比分获胜。这一胜利使得围棋界普遍认为，AlphaGo 已经超越了人类职业围棋顶尖水平。而在 AlphaGo 取胜的背后，是深度学习、算力等多方面要素的组合与投入。AlphaGo 能够搜集大量围棋对弈数据和名人棋谱，通过自我学习来模仿人类下棋。AlphaGo 系统主要由四个部分组成：一是策略网络，该部分可以根据当前的棋局预测下一步的最优走法；二是快速走子，其目的与策略网络类似，可以在适当降低走棋质量的情况下提高搜索效率从而做到快速走子；三是价值网络，该部分可以评估当前棋局中黑白双方获胜的概率；四是蒙特卡洛树搜索，该部分将前面三个部分结合起来，以形成一个完整的搜索系统。算力方面，AlphaGo 所需算力高达约 4 416 TOPS，功耗高达 10 000W。

　　当人们还沉浸在 AlphaGo 所带来的对人工智能未来潜力各种热情想象中的时候，2017 年谷歌提出了 Transformer 模型，完全取代了 RNN 与 CNN 结构，孕育出了一条新的算法主线。从此，人工智能在过往深度学习的基础上走入了一个新的阶段——大模型算法时代！

第二节 从 Transformer 到 BERT、GPT 大模型

一、Transformer：基于注意力机制的深度学习模型

注意力机制是 Transformer 的核心组成部分，是 Transformer 与之前其他深度神经网络最大的区别。Transformer 的深度学习模型是 2017 年谷歌大脑团队在其发表的文章《注意力就是你所需的一切》中提出来的，和传统的人工神经网络相比，最大的区别就是基于注意力机制，而不是传统的 CNN 等。注意力机制能够更全面地解决语言中长距离的信息依赖关系问题，自提出来之后成了自然语言处理领域的主流选择。Transformer 在机器翻译、文本生成、问答系统等任务处理，速度和性能都已经超越了它之前的各种深度模型。可以说，Transformer 模型的提出在人工智能的自然语言处理领域具有重要的里程碑意义，使自然语言处理从小模型阶段进入了全新的模型阶段。

（一）注意力机制的基本原理

关于注意力机制早在 20 世纪 90 年代就有研究，但是真正引起重点关注是在 2014 年谷歌发表的论文《视觉注意力的递归模型》（Recurrent Models of Visual Attention）之后，这篇论文采用了 RNN 网络原理，并加入了注意力机制来进行图像分类。与全图扫描不同，该算法每次仅关注图像的一部分区域，并按时间顺序将多次注意力集中部分的内容整合起来，建立起图像的动态表示。这种方法使得注意力机制在图像分类中得到了广泛应用。2015 年，注意力机制首次成功应用在自然语言处理领域，得到了效果的提升。

注意力机制就是让机器学会人类的感知方式和注意力行为，能够区分哪些重要、哪些不重要。例如图 3-4 是图像研究领域常用的 Lena 图片，从视觉注意力的角度，人们首先注意到的是人物的脸、眼睛、鼻子、嘴巴等，并将视觉聚焦在这些重点领域，而对于背景信息在开始时则关注比较少。对于注意力机制而言，就是要学习这张照片里面人类关注的关键信息，而对于背景等信息不需要太多关注。

图 3-4　图像研究领域常用的 Lena 图片
资料来源：百度百科。

具体来说，注意力机制主要分为自注意力、软注意力（soft-attention）、硬注意力（hard-attention）。自注意力是 Transformer 等大型语言模型的核心组成部分。注意力模型中注意力是完全基于特征向量计算的，每个输入项分配的权重取决于输入项之间的相互作用；软注意力就是对每个输入分配的权重系数在 0—1 之间，关注的信息有些多一点有些少一点，程度不同；而硬注意力就是要么关注要么不关注，好处是可以集中算力和时间在重点关注的信息上面，坏处是这种"非黑即白"的方式可能导致本来应该关注的信息却被舍弃掉了。

在 Transformer 算法模型出现之前，大部分自然语言处理都是用 RNN 和 CNN 构建的。CNN 在图像处理领域很有效，可以比较好地把握图像局部特征。RNN 对于处理顺序特性的信息很有效，例如在语音处理领域将每一帧的信号作为一个序列；在自然语言处理领域将每个词或句作为一个序列；在时间序列方面将气温变化作为一个序列。传统人工神经网络通过 RNN 在语音识别、机器翻译等领域有很大的进展和应用。

从另一个维度来看，注意力机制是利用数字来表达词与词之间的相关程度，数值越大表示相关性越高。在句子中，语言模型需要计算词语之间的相关系数，用注意力分数来表达它们之间的联系。当我们说"我想要充电，不知道你有没有苹果的充电线"时，这里的"苹果"到底指的是树上可以吃的苹果还是苹果手

机 / 电脑？显然句子中的关键词"充电"和苹果手机 / 电脑之间的关联程度很高，因此通过计算器关联程度的注意力分数，最终判断得出句子里面"苹果"所指的是苹果手机 / 电脑。

相比起 RNN 和 CNN，注意力机制在每一层计算中都考虑了词和词之间的全连接关系，能够很好地解决长距离信息传输的问题。语言序列里面的每个词和注意力模型中的每个节点都是全连接关系，上一个注意力层和下一个注意力层之间的全部节点都是全连接的关系。任意两个词之间的交互，与词的先后顺序和间隔距离没有关系。句子里面的每个词的确定，考虑了和整个句子上下文所有词的关系。注意力模型使并行处理自然语言序列成为可能，可以更好地提高当前计算机算力，例如 GPU 等硬件架构的优势。

（二）Transformer：构建大模型的基石

Transformer 的结构（见图 3-5）总体上由两部分构成：编码部分和解码部分，编码器 - 解码器结构作为语言模型的经典结构，模拟了人类大脑理解自然语言的过程。在训练过程中，Transformer 将自然语言映射为数学表达，再将这个数学表达通过解码器映射回自然语言，从而实现了语言的转换和理解。整个 Transformer 的编码部分和解码部分，分别由多个编码器和多个解码器堆叠而成。

每一个编码器由两个层构成。第一层是多头注意力机制（Multi-Head Attention）及 Add&Norm 层，这里的多头注意力本质上是把多个自注意力模块拼接在一起，实质上还是自注意力；其中"Add"代表用残差连接（Residual Connection）的部分防止网络退化，辅助梯度传播；"Norm"就是做归一化（Normalization）处理，把前面 Add 那一步得到的结果作归一化处理，可以加快模型的收敛速度。第二层是前馈神经网络（Feed Forward Neural Network）及 Add&Norm 层，这一层引入非线性函数（ReLU 激活函数），可以使神经元具有稀疏激活性，从而更好地挖掘相关特征并拟合训练数据。

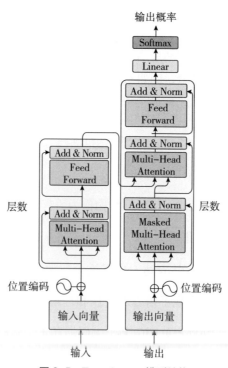

图 3-5 Transformer 模型结构

资料来源：《注意力就是你所需的一切》，谷歌大脑团队。

解码器在结构上和编码器有很多共同的地方，也使用自注意力层与前馈神经网络层的结构。最大的不同是解码器需要用来预测信息，因此使用了掩码自注意力机制（Masked Self-attention），在训练的时候将当前时刻之后的信息遮盖住，只看上文，不能提前看下文训练的答案，每一步计算只能依赖于当前时刻之前的输出。

二、思维链：基于 Transformer 模型的文本生成技术

思维链是基于 Transformer 模型的文本生成技术，利用自注意力机制和生成式的方法，生成连贯、流畅的义本。思维链能够根据输入的开头或者上文，自动推断出下一个单词或者句子，并不断生成下一个单词，形成一条完整的文本思维链。

在思维链的生成过程中，模型会根据前面生成的内容和上下文信息来预测下一个单词，从而使得生成的文本具有一定的逻辑和语义关联性。通过不断迭代生成下一个单词的过程，思维链能够生成长篇连贯的文本，具有一定的创造性和智能性。

思维链技术的原理可以分为以下五个关键步骤。

一是输入表示：首先，将输入的文本进行分词，并将每个分词转化为对应的词向量表示。这些词向量作为输入序列的表示。

二是编码器的自注意力计算：通过编码器的自注意力机制，

每个词向量能够考虑整个输入序列的上下文信息。自注意力机制计算每个位置与其他位置之间的相关性，从而为每个位置生成一个加权的表示。

三是解码器的自注意力计算：在生成过程中，除了根据输入的上文生成下一个单词外，还需要根据已生成的部分文本进行自注意力计算。这有助于维持一致性和连贯性，使得生成的文本更加流畅。

四是生成单词的概率分布：在解码器中，使用 Softmax 函数将编码器和解码器的输出转化为下一个单词的概率分布。根据概率分布，选择概率最高的单词作为生成的下一个单词。

五是递归生成下一个单词：将生成的下一个单词作为输入，再次进行编码器和解码器的计算。通过不断递归生成下一个单词的过程，可以生成完整的文本思维链。

在思维链的生成过程中，模型会利用上文的信息和自注意力机制来预测下一个单词，以保持逻辑和语义的连贯性。模型的训练过程通常是基于大规模的文本数据集，通过最大化生成序列的概率来优化模型参数。值得注意的是，思维链技术中可能会引入一些特殊的控制机制，以确保生成的文本满足特定条件或要求。例如，可以引入特定的标记或指令来控制生成的主题、风格或情感。

思维链技术的应用领域非常广泛，可以用于自动写作，生成文章、故事情节和诗歌等文本内容；同时，思维链还可以应用于对话系统，为用户提供自然流畅的对话体验；此外，思维链还可以用于虚拟助手、智能客服等场景，为用户提供个性化、人性化的文本交互。

三、GPT：基于解码器的大模型训练

GPT 系列模型训练的四大关键技术环节分别是。

第一，大规模预训练模型，训练强大的底座能力。大规模参数的训练，例如 GPT-3.5 系列是基于 Code-davinci-002 指令微调而成，而 GPT-3.5 具有千亿以上的参数，具备巨大的"涌现"潜力。

第二，在代码上进行预训练，提高思维链推理能力。例如在文本训练的基础上，ChatGPT 的预训练还利用了 159G 的代码来进行训练。代码具有分步骤、分模块的特点，使模型"涌现"，提高推理能力。

第三，提示学习方法。用提示或指令微调，触发模型提升其泛化和迁移学习能力，可以处理之前没有训练过的任务，增强大模型通用能力。

第四，基于人类反馈的强化学习。让模型和人类的行为和观念对齐，更加符合人类偏好，从安全角度控制模型风险。

（一）GPT-1：无监督的预训练＋有监督的模型微调

2018 年，OpenAI 公司推出大模型的第一代 GPT-1，该模型使用了 12 层结构的 Transformer 和 1.17 亿个参数。训练的思路是先通过大量无标签的数据进行训练，生成语言模型，能够运用于与有监督任务没有关系的自然语言处理当中；随后进行有监督训练，模型微调，提高模型的泛化能力。常用的监督任务包括：自然语言推理、问答和常识推理、语义相似度、对文本的分类判别等。

GPT-1 训练使用的是 BooksCorpus 数据集，其中包含 7 000 余本没有出版的书籍。与其他很多数据集相比，这个数据集中的上下文依赖关系更长，没有被发布的书籍在其他数据集上难以找到，可以更好地验证模型的泛化能力。

虽然 GPT-1 在未经微调的任务上具有一定效果，但是远不如经过微调的有监督任务泛化效果好。GPT-1 的泛化能力有待提高。GPT-1 的发布引起的关注不大，同一年发布的 BERT 模型效果比 GPT-1 更好，也获得了更多的关注。

（二）GPT-2：扩展模型参数和数据集，多任务学习

2019 年，GPT-2 推出，和 GPT-1 相比整体结构和设计上没有变化，但是其学习目标是使用无监督的预训练模型做有监督的任务。当在训练的数据量足够大的时候，语言模型训练能够完成有监督的学习任务。相较 GPT-1，GPT-2 有以下三个方面的变化。

第一，训练的数据来源更广泛、容量更大。GPT-2用于训练的数据选取了 Reddit 上高点赞率的文章，数据集共有约 800 万篇文章，累计体积 40G。

第二，更大规模的模型参数。参数规模扩大到了 15 亿，Transformer 的层数增加到 48，隐层（hiddenlayer）的维度扩展到了 1 600。

第三，统一建模为一个分类任务进行训练。机器翻译、自然语言推理、语义分析、关系提取等灯光任务，不再专门对不同任务建模微调，模型在预训练中自动识别判定。

从效果上看，只是经过零样本学习，GPT-2 就在 8 个语言模型任务中有 7 个超过了当时其他最好的方法。但 GPT-2 在文本总结方面的能力一般，和有监督学习模型比较接近。

通过 GPT-2 的思路和效果证明，基于海量的数据和大规模参数训练的语言模型，具有迁移到其他类型任务而不需要另外训练的能力。

（三）GPT-3：海量参数，成就最强大的语言模型

和 GPT-2 相比，GPT-3 在架构方面延续了前面两代的技术架构，采用了 96 层的多头 Transformer。GPT-3 最突出的特点就是使用了更加庞大的训练数据库和参数，其参数规模达到了 1 750 亿，是 GPT-2 参数规模的 100 倍以上。GPT-3 训练所用数据量达

上万亿，整个训练耗资超 1 200 万美元。另外，GPT-3 不再采用"大规模数据集预训练＋下游数据标注微调"的方式来训练学习，而是采取情境学习（In-Context Learning）来提高模型对话输出的能力。

GPT-3 训练了 5 个不同质量的语料库，包括低质量的 Common Crawl 和高质量的 WebText2、Books1、Books2 以及维基百科（Wikipedia），并为每个数据集赋予了不同的权重。这些权重表示了数据集的重要性和训练时对模型的影响程度。具有更高权重的数据集在训练过程中更容易被抽样到，因此可以很好地帮助模型学习到更准确且全面的知识及语言表达能力。

从效果上来看，GPT-3 除了在自然语言处理方面表现不错外，在数学加法、撰写文章、编写 SQL 查询语句等方面表现同样惊人。但 GPT-3 在推理和理解能力上还比较欠缺，阅读理解、科学常识推理技能方面也存在一定不足。

（四）ChatGPT：强化学习，更好对齐用户意图

在 GPT-3 的基础上，OpenAI 公司推出了多个迭代版本。2022 年 1 月，OpenAI 发布了 InstructGPT，增加了与人类意图对齐的能力，强化了模型对语义的理解，并且引入了基于人工反馈的强化学习。2022 年 4 月至 7 月，OpenAI 公司又推出了 code-davinci-002 版本（融合了 Codex 和 InstructGPT）；2022 年 5 月至

6 月，发布 text-davinci-002 版本；2022 年 11 月发布了 text-davinci-003 版本和 ChatGPT，两个模型都使用了人工反馈的强化学习来提高输出质量。

与 GPT–3 相比，ChatGPT 的一个很重要变化就是引入了基于人类反馈的强化学习。强化学习的经典案例在人工智能以往历史上多次用到过，例如 2016 年火爆全球的谷歌围棋机器人 AlphaGo。强化学习的原理，就是模型不断和外部环境进行交互，根据反馈来调整优化自身的策略，从而寻找最优解。

ChatGPT 在 GPT–3.5 基础上的训练过程分为以下三步。

第一步，使用有监督学习预训练初始模型。在 GPT–3.5 基础上，ChatGPT 用有监督学习方式微调训练生成一个模型。训练的数据量多样性高，主要有两个来源，一部分是 GPT–3 公测期间提供的用户对话数据，另一部分是数据标注师人工标注生成的对话数据。

第二步，训练回报模型（Reward Model，简称为 RM）。将随机抽取一大批提示词输入第一步中生成的模型，对模型的输出，标注时进行打分并排序，符合人类价值的内容分数高，人类不喜欢的内容打分低，以此实现对奖励模型的训练。这一步也是 ChatGPT 训练流程中最重要的一步。

第三步，对第二步生成的模型进行基于人工反馈的强化学习训练。不断从 prompt 库里面抽取新的 prompt，PPO（Proximal

Policy Optimization）算法生成回答后，循环执行第一步到第三步进行强化训练，直到输出符合要求的高质量的回答为止。

（五）GPT-4：能力提升，模型进化到多模态

2023 年 3 月 15 日，GPT-4 正式发布。相比 ChatGPT 乃至更早的版本，GPT-4 在多项能力上有了质的突破，GPT-4 的文本生成能力、对话能力、推理能力都有了大幅度的提升，其在 GRE、SAT 等考试，以及编歌曲、写脚本、学习用户写作风格等方面的表现同样亮眼，优于前期的版本。其中最大的变化是，GPT-4 支持图像输入，并生成文本语言，使得 GPT 系列模型从语言模型跨越到了多模态大模型。

回顾 GPT 模型演进的五个重要阶段，仅仅 5 年时间，模型的能力产生了质的飞跃。在这背后离不开算力、算法、数据三方面的不断提升，支撑模型参数呈现指数级增长，从而通过海量数据的训练，一步步推动模型的迭代和升级。

四、BERT：基于编码器的大模型训练

BERT 是一种基于 Transformer 模型的自然语言处理技术，由谷歌于 2018 年提出。它通过在大规模未标记的文本上进行预训练，然后再在特定任务上进行微调，实现了在多种 NLP 任务上取

得卓越性能。下文将对 BERT 模型的技术进行详细介绍，包括其结构、预训练过程、微调方法以及应用领域等方面。

（一）BERT 模型结构

BERT 模型是基于 Transformer 模型的，它由多个 Transformer 编码器组成。Transformer 模型是一种基于自注意力机制的序列到序列模型，能够并行计算，提高了模型的训练效率。BERT 采用了 Transformer 的编码器部分，通过堆叠多个编码器来构建整个模型。

每个编码器由多个层组成，每一层包括多头注意力机制和前馈神经网络。自注意力机制能够捕捉输入序列中不同位置之间的依赖关系，而多头注意力机制能够将不同的注意力机制学习到的信息进行组合，提高了模型的表示能力。前馈神经网络通过对注意力机制的输出进行非线性变换，从而进一步提高了模型的表达能力。

（二）BERT 模型的预训练过程

BERT 模型的预训练过程分为两个阶段：无监督预训练和有监督预训练。

无监督预训练阶段：在大规模未标记的文本语料库上进行预训练，学习文本中的语言模型。BERT 使用了掩码语言建模（Masked

Language Modeling，简称为 MLM）和下一句预测（Next Sentence Prediction，简称为 NSP）这两个任务来训练模型。在掩码语言建模任务中，BERT 随机掩盖输入文本中的一部分单词，并通过模型预测被掩盖的单词。这样的训练方式使得模型能够理解上下文信息，并学习到单词之间的关联关系。在下一句预测任务中，BERT 能够判断两个句子是否为连续的，通过这个任务，模型可以学习到句子之间的关系，对于一些需要理解句子关联性的任务具有帮助。

有监督预训练阶段：在特定任务上进行微调，以便模型适应具体的 NLP 任务。在这个阶段，通过在有标记数据上进行训练，调整模型的参数，使其能够更好地适应具体任务的要求。微调过程采用了有监督学习的方法，通常还会采用梯度下降等优化算法进行参数更新。

（三）BERT 模型的微调方法

BERT 模型在预训练后，可以通过微调来适应不同的 NLP 任务。微调的过程包括以下四个步骤。

一是输入表示：将输入文本转化为模型可以理解的表示形式。BERT 模型通常使用 WordPiece 或 Byte Pair Encoding（简称为 BPE）等方式对输入文本进行分词，并将每个分词转化为对应的词向量。

二是模型结构：根据不同的任务类型，选择适合的模型结构

进行微调。对于分类任务，可以使用 BERT 的输出进行分类；对
于序列标注任务，可以通过在 BERT 模型上添加适当的标签层来
进行标注。

三是损失函数：根据具体任务选择合适的损失函数进行微调。
常见的损失函数包括交叉熵损失函数、均方差损失函数等。

四是参数调优：使用训练数据对模型进行训练，采用梯度下
降等优化算法来调优模型参数。通常需要对学习率、批次大小等
超参数进行调优。

（四）BERT 模型的应用领域

BERT 模型在自然语言处理领域有广泛的应用，涉及文本分
类、命名实体识别、机器翻译、问答系统等多个任务。

其中文本分类是 BERT 模型可以通过微调实现文本分类任务，
如情感分析、垃圾邮件识别等。命名实体识别是 BERT 模型可以
用于识别文本中的命名实体，如人名、地名、组织名等。机器翻
译是 BERT 模型在机器翻译领域也有应用，可以提供更准确的翻
译结果。问答系统是 BERT 模型可以用于问答系统，能够实现对
自然语言问题的准确回答。

第三节　从多模态到具身智能，技术融合升级

一、多模态技术将是重点关注的焦点

多模态技术是指将多个不同的输入模态（如图像、语音、文本等）结合起来进行处理和分析的技术。它可以通过整合多种感知方式的信息来提供更全面、准确和丰富的理解和交互。一些常见的多模态技术包括视觉与语言融合、视觉与语音融合、视觉与触觉融合、语音与语言融合、视觉与语音与语言融合、多模态推理、多模态生成等。当前从模型能力上，GPT-4再一次迭代跃升至多模态，行业进展迅速，多模态将迎来快速发展的阶段。多模态大模型除GPT-4以外，国内外目前还有另外的多个多模态/跨模态大模型，包括谷歌的ViT（Vision Transformer）、PaLM-E，OpenAI的CLIP和DALL·E以及DALL·E2，百度的ERNIE-VILG，微软的BEiT-3等多模态或跨模态大模型。未来，多模态或跨模态将成为行业内重点关注的焦点。

（一）ViT

谷歌 ViT 将 Transformer 成功应用于计算机视觉领域，并通过注意力机制实现了对图像补丁之间的关系建模。ViT 模型是由一系列的 Transformer 块组成，其中包含多个注意力头。每个注意力头可以对图像补丁之间的关系进行建模，从而捕捉全局信息。此外，ViT 还引入了位置编码（position embedding）来提供序列中补丁的位置信息。通过多层 Transformer 块的堆叠，ViT 能够对图像的不同层次特征进行提取和表示。ViT 模型在图像分类、目标检测、图像生成等多个计算机视觉任务中取得了令人瞩目的性能，与传统的 CNN 相比，ViT 通过注意力机制实现了对全局信息的建模，避免了传统方法中局部感受的限制。此外，ViT 还具备较强的泛化能力，对于在训练中未曾见过的图像具有较好的处理能力。

ViT 2.0 是基于 ViT 在几个方面进行了改进。首先，它引入了更大的模型规模，通过增加模型参数和层数，提升了模型的特征表示能力。这使得 ViT 2.0 能够更好地捕捉图像的细节和语义信息。其次，ViT 2.0 采用了更灵活的注意力机制，例如局部注意力和多头注意力机制，以处理图像中不同尺度和层次的信息。最后，ViT 2.0 还引入了跨模态学习，使得模型能够处理多种类型的输入数据，如图像、文本和语音等。

ViT 打通了计算机视觉和自然语言处理之间的壁垒。传统上，计算机视觉和自然语言处理是两个独立的领域，它们在任务和方法上存在着很大的差异，而 ViT 的出现改变了这种情况。ViT 采用了 Transformer 的结构，它将输入的图像分割成一系列的图像块，并将它们转换为序列数据。随后，ViT 使用 Transformer 的自注意力机制来对这些序列数据进行处理，从而实现了对图像的特征提取和表示学习。通过将图像转换为序列数据并应用 Transformer 模型，ViT 使得计算机视觉任务可以从自然语言处理的技术和方法中受益。这种转换消除了计算机视觉和自然语言两个领域处理之间的语言差异，使得它们可以共享相似的模型架构和训练方法。ViT 的成功证明了 Transformer 模型在计算机视觉领域的适用性，并为计算机视觉和自然语言处理之间的相互借鉴和交叉研究提供了新的思路。

（二）CLIP

OpenAI 开发的多模态预训练模型 CLIP，它能够理解图像和文本之间的语义关系。CLIP 的设计目标是将图像和文本进行对齐，使得模型能够在跨模态的任务中进行推理。传统方法里面，图像和文本在计算机视觉和自然语言处理中被分别处理，而 CLIP 通过联合训练图像和文本来建立它们之间的联系。CLIP 的训练过程是通过对大量图像和文本进行对比学习来实现的。模型被训练成能够将相关的图像和文本映射到相近的表示空间中，而不相关的则被映射到相隔较远的空间。这种对比学习的方法使得 CLIP 能够学习到图像和文本之间的共同语义表示。

（三）ERNIE-VILG

ERNIE-VILG 旨在解决视觉与语言之间的理解和联合建模的问题，通过联合训练图像和文本数据，在视觉和语言之间建立起深度的联系和互动。这种联合训练的方式使得 ERNIE-VILG 能够学习到丰富的视觉语义表示和语言表示，并将二者相互融合，从而提供更全面、准确的理解和表达能力。在 ERNIE-VILG 中，图像和文本信息被表示为多模态特征，通过多层注意力机制进行交互和融合。模型通过对图像和文本信息的相互关注，实现跨模态信息的传递和整合。这种跨模态的信息交互可以在图像理解、图像生成、视觉问答等任务中发挥重要作用。ERNIE-VILG 的特点在于它能够有效地融合视觉和语言信息，从而提高对多模态数据的理解和处理能力。它不仅可以用于图像标注和图像检索等传统的视觉任务，还可以应用于更复杂的任务，如视觉问答、视觉推理和图像生成等。

二、多模态技术为具身智能注入灵魂

具身智能通过不断感知和输入外部环境信号，包括图像和人类语言等，并转化为机器语言，从而实现人机交互。多模态的大模型技术可以通过将图像、文本、视频等多重数据进行运算、推断和调整，依靠模型自我升级迭代和学习、调整，增强对环境和输入对象的感知、学习和理解能力，做出对应的自我调整，从而帮助机器人处理具身推理任务，并转化为机器的物理行为，进而实现具身智能的技术突破。

PaLM-E、GPT-4 等多模态大模型让机器具有"灵魂"，实现具身智能的技术突破。2023 年 3 月 8 日，谷歌和柏林工业大学的团队重磅推出史上最大的视觉语言模型 PaLM-E，该模型集成了视觉和语言，参数量达 5 620 亿个，主要用于机器人控制，又被称为视觉语言模型（VLM）。PaLM-E 代表 "Pre-training and Language Model-Enhanced"，由谷歌的 BERT 模型进一步改进而成。不同于大型语言模型，视觉语言模型对物理世界存在感知。PaLM-E 分析来自机器人相机的图像数据，不需要对数据进行预处理或标注，从而使机器人更加自主地控制自己。通过使用 PaLM-E，机器可以获得更强的自适应能力，并对环境做出更快速、更精确的反应。根据相关研究人员的研究发现，即便只接受了单个图像提示训练，PaLM-E 仍然表现出多模态思维链推理和多图像推理等涌现能力。随着大模型技术的发展，以机器人等为代表的具身智能机器，有望在与世界交互、学习效率，以及输出的行为和结果方面，将不断迎来新突破。

第四节　技术路线收敛，逐步走向通用人工智能

一、大模型发展的三条技术路径及比较

2018 年开始，从谷歌的 BERT 模型到 OpenAI 的 GPT 模型等，都是沿着 Transformer 的路线在这个基础上构建完成的。2018 年 6 月，OpenAI 基于 Transformer 架构的预训练模型 GPT–1 发布，在自然语言处理任务上取得了一定的成果，但其规模和性能相对有限。2018 年 10 月，谷歌发布 BERT 模型，其参数是 GPT–1 的 3 倍，成功在 11 项目自然语言处理任务中取得当时最好的结果，领先于 GPT–1。

从最近这几年模型的演变看，主要分为三条路径：BERT 模型技术路径、GPT 模型技术路径、混合模型技术路径。下面我们来逐一分析比较。

（1）BERT 模型技术路径：采取双向语言模型预训练＋任务微调（Fine-Tuning）的方式，适合于做专而轻的事情，例如理解类、特定场景下的具体任务。在 BERT 开源之后，美国的 Meta、

中国的百度等 IT 巨头都在 BERT 基础上开发自己的大模型，例如 Facebook 的 XLM 、RoBERTa 模型，百度的 ERINE 系列模型。

（2）GPT 模型技术路径：单向语言模型预训练 + 零样本（zero shot）的提示词或指令（Instruct）学习。零样本是指在没有特定任务的训练样本的情况下，让模型完成任务。GPT 路线模式，这是一种通用的模式，比较适合生成类任务和多任务。2019 年之后 GPT 技术路线日渐繁荣，到了 2022 年 11 月，在 GPT-3.5 基础上，ChatGPT 诞生。目前大多数主流语言模型，几乎所有千亿以上参数的大模型，都是走 GPT 技术路线。

（3）混合模型技术路径：例如谷歌的 T5 模型将 BERT 和 GPT 的方法相结合，训练分两个阶段即单向语言模型预训练 + 微调，理论上生成和理解都可以，但是从实际效果上比较适合理解类的任务，在模型规模不是特别大的单一领域，预训练后引入多任务微调，T5 模型所代表下的混合模型技术路径比较适合。

Bert 和 GPT 的技术路线比较有多方面的不同。BERT 和 GPT 是两种基于 Transformer 模型的重要的自然语言处理技术，它们在模型设计和应用方面存在一些显著的差异。BERT 适用于句子级的任务，通过双向预训练和微调来适应不同的 NLP 任务。GPT 则着重于生成型任务，通过单向的语言建模来生成自然语言文本。两者的差异主要体现在任务类型、预训练目标和模型结构上，各自具有独特的特点和应用领域。两者最大的不同点可以总结为以下三个方面。

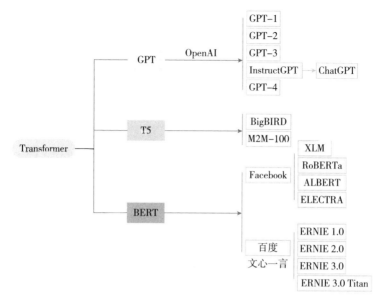

图3-6　大型语言模型技术的几条路径演进

资料来源：公开资料整理。

（1）任务类型的不同。

BERT：BERT是一种双向预训练模型，旨在通过无监督预训练和有监督微调的方式适应各种下游NLP任务。BERT主要用于句子级任务，如文本分类、命名实体识别和问答系统等。BERT强调在预训练阶段学习句子级别的表示，能够捕捉上下文关系和语义信息。

GPT：GPT是一种生成式预训练模型，重点关注句子级和语言模型任务。GPT通过无监督预训练学习句子级别的表示和语言模型，然后使用该模型生成自然语言文本。GPT主要用于生成型任务，如文章生成、对话系统和机器翻译等。

（2）预训练目标的不同。

BERT：BERT 的预训练阶段使用了两个任务，即掩码语言建模（Masked Language Modeling，简称为 MLM）和下一句预测（Next Sentence Prediction，简称为 NSP）。MLM 任务要求模型根据上下文推断出被掩盖的单词，而 NSP 任务要求模型判断两个句子是否连续。通过这两个任务，BERT 模型能够学习到句子和词之间的关系。

GPT：GPT 采用了单向的语言建模（Language Modeling）作为预训练任务。模型通过预测下一个单词来学习语言的概率分布，从而捕捉上下文信息和语义关联。这种单向的训练目标使得 GPT 在生成自然语言文本方面具有很强的能力。

（3）模型结构的不同。

BERT 模型采用了 Transformer 的编码器结构，通过堆叠多个编码器层来构建模型。BERT 的核心是双向编码器，它能够同时考虑左右两侧的上下文信息。BERT 模型适合进行句子级的任务，并且可以根据不同任务进行微调。

GPT 模型同样采用了 Transformer 的结构，但使用的是单向的解码器部分。GPT 的核心是生成式模型，它在训练过程中使用自回归机制，逐步生成下一个单词。GPT 模型适用于生成型任务，能够生成连贯、流畅的文本。

二、大模型技术路径收敛向通用化进发

Transformer 出现之前，深度学习大约在 2013 年被引入自然语言处理领域。这些深度学习技术主要利用长短时记忆网络（LSTM）和卷积神经网络（CNN）作为典型的特征提取器，采用基于序列到序列（Sequence to Sequence）和自注意力机制的整体技术框架。然而由于 LSTM 和 CNN 特征提取器的表达能力有限，难以吸收大量的知识，这在一定程度上制约了深度学习技术在 NLP 领域的突破。

Transformer 模型出现之后，各大模型的特征抽取器渐渐从 LSTM/CNN 统一到 Transformer 上，Transformer 的自注意力机制和架构的可扩展性，使其具备处理不同任务的能力，并为各领域研究者提供了一种共享和迁移知识的统一平台。不同自然语言处理领域的技术路径和框架逐渐转化到 BERT 和 GPT 这两大路径上来。在 NLP 的大多数子领域的研发模式已经转变模型预训练和应用微调（Fine-tuning）或应用 Zero/Few Shot Prompt 模式。

GPT 路径会胜出并走向通用，是因为大型语言模型的参数规模和训练数据庞大，面对的用户群体广泛，多数场合并不适合通过精调的方式来训练。而生成式模型具备更强大的语言表达能力，能够自由生成语句来表达思想和意图。与之相比，BERT 更倾向于根据上下文进行编码，而不直接生成新的文本，这在一定程度

上限制了其在表达能力上的灵活性。人类在语言交流中常常通过自由表达来传达意思，生成式模型以其自由度和灵活性更符合人类的使用习惯。不光是文本，随着图像、音频等多种模态，都可以输入到 GPT 路径的大模型中进行训练和学习，模型越来越通用化，技术路径逐渐走向收敛。

纵观人工智能技术 70 年多年来的发展历程，各条技术路线跌宕起伏，不同阶段需要解决不同的主要矛盾和问题。从基于符号规则的逻辑主义、统计机器学习、深度学习到今天的大模型学习，各个学科交汇融合，许多新的学科引入和新的发现，技术探索和迭代，摸索、尝试、比较，终于迎来大模型技术的重大突破，从混沌逐渐走向统一，从文本信息处理到多种模态的信息处理，机器逐渐向人类能力靠近，未来预计多模态与具身智能结合，机器自我学习和迭代，进一步向人类靠近，技术发展逐步走向完全的通用人工智能。

在模型算法上，未来不排除有比 GPT 更先进的技术路径出现。在 2023 北京智源大会上，北京智源研究院院长黄铁军表示实现通用人工智能有三条技术路线。一是"大数据 + 自监督学习 + 大算力"形成的信息类模型；二是基于虚拟世界或真实世界、通过强化学习训练出来的具身模型；三是直接"抄自然进化的作业"复制出数字版本的脑智能体。图灵奖得主、Meta 首席人工智能科学家杨立昆在会上批评了 GPT 路线，杨立昆认为，自回归模型缺乏规划和推理能力，仅根据概率生成文本，无法从根本上解决幻觉和错误问题。随着输入文本的增大，错误的概率也会呈指数级增长。同时他还强调，需要建立一个"世界模型"，这不仅仅是模仿人脑的神经水平，而是基于认知模块上完全贴合人脑分区，能够真正理解这个世界，并预测和规划未来。美国当地时间 2023 年 6 月 23 日，Meta 宣布推出首个"类人（human-like）"AI 模型 I-JEPA。"世界模型"这条道路是否可行，仍有待科研实践的检验。尽管对这条道路也存在不少质疑和反对的声音，但不管可行与否，至少对当前 GPT 路径所存在的问题以及新的路径可能，提供了另一种思考。

从过去到现在，走向通用人工智能的道路，都是在不断探索、质疑、寻找新路径中不断完善和升级的，不会一帆风顺，其挑战不光是来自模型算法本身局限，还包括模型产生的各种机器数据再加入模型的训练中所导致的模型崩溃等问题。这些都是在通用人工智能技术发展进步道路上，需要进一步面对和解决的困难、问题与挑战。

第四章

通用人工智能的产业生态布局

很难想象哪一个大行业不会被人工智能改变。大行业包括医疗保健、教育、交通、零售、通信和农业。人工智能会在这些行业里发挥重大作用，这个走向非常明显。

——吴思达（Andrew Ng），人工智能计算机科学家和全球领导者生成式人工智能是通用人工智能的一部分，是通用人工智能的早期阶段。从生成式人工智能逐渐过渡到通用人工智能，需要在生成式人工智能基础上，进一步在加强算法和模型的升级、多模态学习和跨领域迁移、强化学习和自主决策、长期记忆和迁移学习、增强智能的解释性和可解释性等方面持续进化，其基础生态体系框架具有一定相关性和相似性，因此通用人工智能的产业生态大致可以参照生成式人工智能，可以分为算力层、数据层、算法层、应用层。以算法层模型为核心，拉动上游算力和数据，驱动下游应用和场景变革（见表 4-1）。

表 4-1　通用人工智能产业生态体系

产业链环节	分层	内容含义
下游：应用层	应用层	各个行业和场景的应用创新、功能生成等
中游：算法层	模型层	通用大模型、垂直行业大模型等
	框架层	模型训练框架，例如 tensorflow 等
上游：数据层	数据层	数据采集、数据清洗、数据标注、数据合成、数据溯源、机器数据生成等
上游：算力层	平台层	云计算平台为代表的算力平台
	设备层	计算芯片、存储芯片、服务器、网络设备等

资料来源：公开资料整理。

一、算力层

为模型的训练和推理提供算力服务，涉及的有云计算等平台，以及包括芯片、通信网络设备、服务器、光模块、液冷等。其中芯片是算力中的核心，包括 CPU、GPU、现场可编程门阵列（FPGA）、专用集成电路（ASIC）等，芯片数量和性能强弱关乎算力层的算力大小。云计算为算力提供服务的平台，参与厂商中美国有亚马逊云计算服务（AWS）、谷歌云平台（GCP）、Azure等，中国有阿里云、华为云、腾讯云等。云计算平台算力的提供需要芯片、服务器、网络设备等。AI 芯片分类方法有两类，一类是从技术路径上，可以分为 GPU、FPGA、ASIC，主要参与厂商包括英伟达（GPU）与谷歌（TPU）、英特尔（GPU）等；另一种分类方法，根据所在服务器在网络中的位置可以分为云端 AI 芯片、终端和边缘 AI 芯片。云端芯片主要用于进行 AI 网络的训练，代表企业包括有英伟达，寒武纪、摩尔线程等公司；而终端和边缘侧芯片侧重用来进行推理，代表企业有英伟达、谷歌、英特尔（Intel）、寒武纪等公司。

二、数据层

人工智能需要就数据进行训练、优化和决策，数据是基础，算法只有依托于数据才能够产生作用。从数据的来源分类上，可以分为人工产生数据和机器合成数据。数据平台相关的处理包括数据采集、数据清洗、数据标注、数据合成、数据溯源等。数据是大模型的燃料。

三、算法层

算法层处在中游，是生态链的核心环节，其中最核心层就是模型层。模型层又包括通用大模型和垂直行业大模型。垂直行业大模型，主要针对具体行业应用，特别是针对企业级客户的垂直行业大模型等，专门适应具体行业应用需求，提供给更加精准和专业的训练。

四、应用层

应用层涉及行业应用设计到各种内容的生成，AI 技术到行业应用，用中间的算法层的大模型等，结合各类场景，产生场景方案和产品，提升产品供给和生产效率，包括在科技、医疗、电力、金融、航天、汽车、电子制造、传媒、游戏等百行千业应用落地。

第一节　大模型：分类、趋势演变和商业模式

从通用人工智能的整个生态来看，大模型所在的算法层是整个生态的核心环节。本节我们着重从大模型发展的时间、空间，以及变现的商业逻辑来对其进行多维度透视。

一、大模型和小模型内涵外延比较

自 2006 年杰弗里·辛顿教授等提出深度学习概念以来，人工智能的发展步入深度学习的时代。小模型和大模型相比，最明显的特征就是模型参数较少，所耗费的资源相比于大模型少很多。大模型的产生和兴起，一方面得益于算法的进步，另一个方面得益于这些年来海量大数据和算力底座的爆发式增长。

小模型适用于数据量小、计算资源有限的场景，例如移动端、物联网、嵌入式设备、部分边缘计算机设备等。小模型的类型包括线性模型、决策树、朴素贝叶斯等，一方面具有较少参数和简单结构，可以在较短的时间内训练和优化；另一方面由于小模型是针对特定场景训练，每个行业或场景都要训练其对应的小模型，

通用性较差，已经调试好的小模型，如果遇到场景切换，需要重新训练来调整参数，如果训练数据不足，则训练参数不理想。

与小模型相比，大模型具有更好的涌现能力和泛化能力，增强了 AI 技术的通用性。大模型拥有大量参数和复杂的结构，需要较长的时间训练和大算力支撑。从 2017 年提出 Transformer 架构以来，大模型呈爆发式发展，涌现出一系列基于 Transformer 架构的大模型算法，随着算法水平的提升、算力和训练数据的增长，大模型参数快速增长到数千亿乃至万亿，更多的参数和更丰富的表示能力，能够更好地捕捉数据中的模式和特征，从而提高了对新数据的预测和推理能力，涌现能力和迁移学习能力得到大幅提升。这意味着大模型可以更好地适应不同领域和复杂度的任务，为各行各业的应用提供更准确和可靠的解决方案。以大模型为基础进行应用开发可以利用已经训练好的模型参数和预训练的特征表示，避免了从零开始训练模型的时间和资源消耗。开发者可以在已有的大模型基础上进行微调和定制，以适应特定任务和需求。这种开发方式不仅提高了开发效率，还降低了开发成本，使更多的开发者能够参与到人工智能技术的应用开发中。

二、通用大模型和垂直大模型之辨

通用大模型，顾名思义是指能够在多个领域通用、处理多种任务的模型，典型的通用大模型例如 OpenAI 的 GPT 系列大模型、谷歌的 BERT 大模型、百度的文心一言、阿里巴巴的通义大模型、三六零和智谱 AI 的 360GLM 大模型，在多任务学习、迁移学习等方面均取得了显著进展。大模型的通用性意味着广阔的市场空间和丰富的生态，具有吸引人的市场前景，由于算力、人才、资金、数据、生态、行业地位和影响力等优势因素，国内外的互联网大厂以及像华为这样的 IT 巨头都纷纷加码大模型赛道，将大模型和公司产品业务融合，微软投资 OpenAI 并将 GPT-4 整合进入 Office、Windows 与 Bing 搜索当中，国内包括百度、阿里巴巴、华为、三六零、腾讯、京东、科大讯飞在内的厂商也致力于让智能融入和升级现有产品，例如阿里通义千问接入钉钉、百度文心一言融入搜索等。阿里巴巴 CEO 张勇更是表示，面向 AI 时代，所有产品都值得用大模型重做一次。巨头们都希望在赛程的起始阶段跑出比较优势，成为 AI 2.0 时代的领头羊。

垂直大模型，是指针对垂直行业 / 领域或特定任务进行优化设计的模型。从市场前景看，垂直领域落地价值显著，应用场景广阔。英伟达的公开资料显示，人工智能技术让药物早期发现所需要的时间缩短到只需要原来的三分之一，成本节省至二百分之一。与此同时，垂直行业大模型也需要深度定制，使其精度、准确度、专业度都需要更加符合垂直行业的业务产品需求。特别是对政府、企业级大客户，由于涉及数据敏感、安全等诸多方面考虑，需要大量私有化部署和个性化定制，不能简单套用互联网大厂的大模型和通用方案。

从时间进程上看，ChatGPT 面世以来，短短数月时间的大模型"军备"争霸，已使大模型从"通用"迈入"垂直"阶段。技术的供给和这些垂直领域的需求共同驱动垂直领域大模型的兴起，越来越多企业看到教育、金融、医疗等垂直行业和领域大模型的机会而驶入垂直大模型赛道，专业细分领域的大模型正在大量涌现。在教育行业，淘云科技推出的"阿尔法蛋"，是在教育行业儿童认知领域的大模型，其全新的交互体验帮助儿童训练表达、提升情商、创造力等；教育培训行业的龙头企业学而思，宣布正在研发名为 MathGPT 的数学大模型，着力于解决全球数学爱好者和科研单位的需求。在金融行业，彭博社基于 GPT-3 框架，利用积累得丰富的金融数据资源进行再训练，推出了金融专属大模型BloombergGPT。

总体而论，通用大模型就像百科全书，上通天文下知地理；垂直大模型就像专家，行家里手专业深度。通用大模型做生态，垂直大模型做应用。垂直大模型基于预训练程度的通用大模型，利用垂直行业数据进行优化训练，避开了通用大模型预训练阶段对成本、技术、算力等多方面的高门槛要求，可以花较少的成本和时间训练出让每个行业都能用、都适用、都用得起的具备行业能力的大模型，从而让大模型在商业实践中走向各个行业的田间地头，大模型飞入寻常百姓家，使大模型走向平民化、普惠化。

三、大模型从单一领域走向多模态

从大模型的模态上分类，可以分为单一模态大模型和多模态大模型。单一模态大模型使用一种类型的数据进行模型训练和预测。比如只输入文本数据来训练大语言模型，只输入图像数据来训练图像分类模型。多模态大模型可以理解为能够接受多种类型数据输入，例如图像、文本、音频等来进行训练和预测。大模型正在从单一模态走向多模态。

自然语言处理大模型。目前最成功、知名度最高点就是ChatGPT，模型具备理解、推理和语言生成的能力。从人工智能的几大领域对比来看，从科大讯飞的语音识别到图像识别"四小龙"（商汤科技、云从科技、旷世科技、依图科技）的水平来看，AI的专项能力已经超过了人类，一些人类无法辨别、辨别不清的，AI却可以做到。但是自然语言处理，由于语言的抽象和语义组合的复杂性等多方面因素，几十年来在理解、推理方面一直进展缓慢。从科研人员到行业应用，经过了漫长等待，ChatGPT的成功让大家看到了黎明的曙光，尽管现在语言大模型还是经常"一本正经地胡说八道"，也存在虚假消息等诸多局限和挑战，但是模型的迭代速度很快，对于 AI 规范治理各国在快速跟进。

计算机视觉大模型。视觉大模型需要通过大量的图像和视频数据训练，形成在视觉领域的通用能力，具体可以类比自然语言处理领域的 ChatGPT 那种通用能力。在大模型算法之前，早期的计算机视觉处理算法主要通过提取特征来实现图像的识别和处理。自然语言大模型的成功给视觉大模型研究提供了新思路，"提示工程"引入视觉图像处理，其中最成功的典型代表就是 Meta 公司用 SAM 大模型算法进行图像分割。SAM 大模型的设计，令模型能够根据人类的提示返回需要的效果，例如图像分割和目标的识别。模型处理框架的三大部分是图像编码器、提示编码器、可融合两组编码信息源的分割解码器。模型输入包括图片、分割提示，提示的内容包括语言文字、掩码等多种方式。SAM 可对不熟悉的对象和图像进行零样本泛化，不需要额外的训练，这是其最强大之处。SAM 的提示设计可实现与其他系统的方便集成，例如可以从其他系统获取输入提示来进行训练。SAM 具有很强的可移植性，提示工程的设计理念将模型和文本指令、目标检测输出位置框、AR 眼睛注视范围相结合。和自然语言大模型相比，计算机视觉大模型目前成熟度不如前者那么高，还有不少地方存在挑战，例如计算机视觉的算法还需要进一步突破，可以用来有效训练的数据比自然语言要少很多，随着图像越来越大视觉模型即便小参数可能有很大计算量，这对于算力是一个非常大的挑战。现今，全球视觉大模型有 Meta 的 SAM、谷歌的 ViT-22B（220 亿参数）、150 亿参量的 V-MOE 模型等，国内商汤科技有 300 亿参数的视觉大模型。视觉大模型将不仅能够解放人的双手，还可以解放人的双眼，在工业质量检查、港口码头智能管理、智慧安防、家用摄像头、地理信息化等诸多领域带来生产力和生产效率的提升。

多模态大模型。任何单一领域的模型都有其自身信息的局限性，人类对外界的感知是多维度的，需要通过听觉、视觉、触觉、嗅觉等多维度接收信息并汇总处理。大模型从单一模态向多模态发展是必然趋势，同时结合文本、音频、图像、视频等数据对大模型加以训练，将会有更加复杂的结果，但是效果也将会很明显，可以减少幻觉，弥补单一模态所带来的不足，使大模型所体现出的智能更加接近人类。ChatGPT 已经从单一模态进化到了多模态，Gpt-4 已经具备了有多模态的能力；另外，OpenAI 的 CLIP 和 DALL·E，谷歌的 PaLM-E（拥有 5 620 亿参数）。PaLM-E 模型同时具备通用化语言能力，能执行感知推理、视觉问答、机器操作等多重复杂任务处理。

四、大模型商业模式和商业化落地

大模型是未来产业新生态的巨大流量入口，以大模型作为产业基座，形成"模型＋平台＋行业"的产业生态，推动从模型到落地不断创新，模型赋能、平台服务、行业数据三者共振，形成良性正向循环，构建起更深壁垒和护城河。从历史上 IT 变革的历程视角来看，从 PC 时代到互联网、移动互联网，信息入口方式和效率都带来了大的变革和效率的提升。相比鼠标和键盘按键，自然语言作为人类天然的最自然最舒服的信息交互方式，将给鼠标和键盘入口带来更大的变革，无论是在 C 端还是 B 端，都将开启未来比传统 PC 时代、互联网时代、移动互联网时代更大的生态，将会产生更加伟大、更有颠覆性的公司。

在商业模式上，ChatGPT 已经初步为大模型探索出了几条商业变现的路径：对外 API 接口、大模型订阅服务 MaaS、产业生态合作嵌入微软产品（Windows、Bing、Office 等）。其中，模型即服务（Model as a Service，简称为 MaaS），类似于云计算的三种服务模式——基础设施即服务（IaaS）、平台即服务（PaaS），软件即服务（SaaS），大模型作为一种知识和服务，对外提供给企业和个人用户使用。大模型作为一种服务提供的背后因素在于，大模型需要用到大量计算机资源，训练成本高，例如 ChatGPT OpenAI 的 GPT-3 参数达 1 750 亿个，训练费用大概是 1 200 万美元；GPT-4 参数业绩估计 5 000 亿个，训练成本飙升到 1 亿美元，是 GPT-3 训练费用的八倍多。如此大规模的训练和高昂的费用，普通小企业根本无法承担，即便许多中大型企业即便资金能够承担，也未必有相应的人才和积累，只有同时兼备人才、资金、算力等诸多条件和能力的企业才有可能训练出通用且好用的大模型。其余的各个行业企业则通过购买模型服务，分享 AI 技术红利，集中精力在主业上，提升运营效率。

第二节　算力层：模型训练推理
拉动算力增长

一、AI 算力芯片分类和发展历史

大模型训练和推理，AI 芯片是必不可少的底层硬件，同时随着大模型和各行各业应用场景相结合，从聊天交流扩大到教育、金融、医疗、智能制造等多个领域，AI 芯片的算力和需求将进一步扩张。从 AI 计算芯片技术框架来看，主要可以分为：GPU、现场可编程逻辑阵列（FPGA）、专用集成电路（ASIC）三大类。

（一）GPU：通用的计算芯片

GPU 的工作原理类似于一个并行计算器，它可以将大量的计算任务分配给多个处理器核心同时执行，从而极大地提高计算效率。与 CPU 相比，GPU 拥有更多的处理器核心和更高的并行计算能力，在处理大规模数据时更具优势。人工智能在许多数据处理方面涉及矩阵乘法和加法，对并行处理能力要求高，GPU 的特性正好满足了这个要求。

目前，全球 GPU 市场基本被英伟达、英特尔和 AMD 三家垄断，其中，英伟达的计算统一设备架构（Compute United Device Architecture，简称为 CUDA）生态使其占据市场主导地位；国内 GPU 市场企业有海光信息、景嘉微，另外天数智芯、壁仞科技、登临科技等初创企业也纷纷涌入该赛道。

GPU 的发展历程，经历了以下四个阶段。

第一阶段：诞生之前（1999 年之前）

在 20 世纪 80 年代，当时的计算机技术还比较落后，因而将部分功能从 CPU 当中分离出来，作为一个用于输出图像的独立单元被安装在主板上。这个时候 GPU 的概念还没有诞生，该独立单元被称为"显示适配器"（Display Adapter），只能用于简单的文字和图形处理任务。

第二阶段：快速发展期（1999—2006 年）

随着计算机技术的不断进步，GPU 开始逐渐被应用于更广泛的领域。在这个阶段，GPU 的性能和效率得到了大幅提升，可以处理更加复杂的图形和视频任务。同时，GPU 也开始被广泛应用于游戏开发、电影特效制作、科学计算等领域。1999 年，英伟达推出了专为执行复杂数学和几何计算的 GeForce 256 图像处理芯片，将更多的晶体管用作执行单元，分离出硬件坐标转换模块和光源模块（Transform & lighting，T&L）等功能，英伟达将 Graphics Processing Unit 的首字母"GPU"提炼出来，从此 Geforce 256

即 GPU 的概念诞生。2001 年，英伟达和 ATI 分别推出了 GeForce 3 和 RADEON 8500，GPU 出现了顶点级可编程性。

实际上，探索 GPU 用在人工神经网络的训练最早可以追溯到 2006 年，当时亚马逊用英伟达的 GeForce 7800 显卡来进行卷积神经网络的训练，发现比 CPU 快 4 倍，但是这个时期的 GPU 编程复杂度太高，因此没有引起人们的重视。

第三阶段：CUDA 生态建立期（2007—2010 年）

这一时期，计算统一设备架构（Compute United Device Architecture，CUDA）技术的出现为 GPU 加速计算提供了一种新的方式。CUDA 是由英伟达开发的并行计算平台和编程模型，它允许开发者使用 C/C++ 语言编写并行程序，并在 GPU 上运行这些程序。CUDA 的出现使得 GPU 可以更好地应用于科学计算、图像处理等领域，提高了计算效率和速度。

2008 年，苹果公司推出一个通用的并行计算编程平台 OpenCL（Open Computing Language，开放运算语言），与 CUDA 不同的是，OpenCL 和具体的计算设备无关。

这一时期，GPU 新产品不断推出。2006 年，英伟达发布了 GeForce 8800GTS 显卡，这是第一款支持 DirectX 10 的 GPU，这款产品使得游戏画面更加逼真、流畅。2010 年，推出了 Tesla 架构的 GPU，这是一款专门为高性能计算和科学计算而设计的 GPU。Tesla 架构的 GPU 采用了更多的晶体管作为执行单元，同时还引入了多级流处理器等新技术，使得 GPU 的计算能力得到了大幅提升。此外，Tesla 架构的 GPU 还支持 PCI Express 3.0 总线，这使得 GPU 与 CPU 之间的数据传输速度更快。

这个时期，GPU 用于人工智能训练方面的重要理论突破，源于吴恩达发表的一篇论文，我们在第三章中提到过，GPU 将人工智能训练的时间从几周压缩到几个小时。

第四阶段：深度学习计算时期（2011 年至今）

随着人工智能技术的快速发展，GPU 在深度学习领域的应用也越来越广泛。在这个阶段，GPU 的并行计算能力成为其最大的优势，可以大幅提高深度学习模型的训练速度和效率。同时，GPU 也开始被广泛应用于自动驾驶、医疗影像分析、自然语言处理等领域。2012 年，杰弗里·辛顿教授和他的学生共同设计的深度卷积神经网络 AlexNet 的学习训练便使用了英伟达的 GPU 产品 GTX 580，只用两个星期就训练好了 1 400 万张图片，助力 AlexNet 在 2012 年一场 ImageNet 大规模视觉识别挑战赛上夺得了冠军，这使得大家意识到了 GPU 对于神经网络训练的重要价值。2014 年，在参加 ImageNet 大赛中夺冠的谷歌 GoogLeNet 模型，采用了 110 块英伟达芯片组成，GPU 成为深度学习训练算力的主流选择。2018 年后，基于 Transformer 的各大模型不断涌出，GPU 作为通用计算芯片被大量用于大模型的训练和推理当中，最典型的芯片如英伟达 V100、A100、H100 等供不应求。2023 年 5

月，英伟达宣布生成式人工智能引擎芯片"NVIDIA DGX GH200"已经投入量产，该芯片将256个NVIDIA Grace Hopper超级芯片完全连接到单个GPU中的新型人工智能超级计算机，能够支持万亿参数的人工智能大模型训练。

（二）FPGA：半定制化的计算芯片

FPGA芯片是一种可编程逻辑器件，可以根据用户的需求进行重新配置和编程。FPGA芯片的历史可以追溯到20世纪80年代中期，当时IBM公司推出了一款基于可编程阵列逻辑（Programmable Logic Array，简称为PLA）技术的FPGA芯片，这标志着FPGA技术正式进入商业化阶段。在20世纪90年代中期，Xilinx公司推出了第一款商用FPGA芯片Xilinx 510，这是一款高性能、高可靠性的FPGA芯片，被广泛应用于通信、网络、计算机等领域。在接下来的几十年里，FPGA芯片得到了广泛的应用和发展。随着数字电路技术和半导体工艺的不断进步，FPGA芯片的性能和功能也不断提高，随着物联网、人工智能、云计算等新兴技术的发展，FPGA芯片成为这些领域中不可或缺的一部分。

FPGA芯片的优势在于其并行计算能力和灵活性，它可以通过重新配置和编程来实现不同的计算任务，而且可以在硬件级别上实现一些高效的算法和操作，从而提高计算速度和效率。因此，FPGA芯片成为人工智能领域中的一种重要硬件加速器。

目前，许多公司都在积极开发 FPGA 芯片在人工智能领域的应用。例如，英特尔公司推出了第二代神经计算棒 Neural Compute Stick 2 的 FPGA 芯片，实现了高效的图像识别和语音识别等功能。此外，华为公司还推出了一款名为 Ascend 310 的 FPGA 芯片，它可以作为 AI 加速卡使用，实现高效的深度学习计算。

（三）ASIC：全定制的计算芯片

ASIC 芯片是一种专门为特定应用设计的集成电路。随着人工智能技术的快速发展，ASIC 芯片也被广泛应用于人工智能领域。

ASIC 芯片的优势在于其高度的定制化和专业化。由于 ASIC 芯片是根据特定应用需求进行设计和制造的，因此它可以针对具体的计算任务进行优化，从而实现更高的性能和效率。此外，ASIC 芯片还可以避免通用处理器中的一些通用问题，如功耗、散热等。

在人工智能领域，ASIC 芯片主要被用于加速神经网络的计算。神经网络是一种基于人工神经元模型的计算模型，它可以通过学习和优化来实现各种复杂的任务，如图像识别、语音识别、自然语言处理等。

ASIC 芯片可以根据不同的神经网络结构和算法进行优化，从而实现更高的计算速度和效率。此外，ASIC 芯片还可以避免通用处理器中如功耗、散热等的一些通用问题。

目前，国内外一些大型 IT 厂商自研的 ASIC 芯片被用于人工智能计算。例如，谷歌公司在 2017 年推出了一款名为张量处理器（Tensor Processing Unit，简称为 TPU）的 ASIC 芯片，专门用于加速深度学习计算，从根本上大幅降低存储和连接的需求，把更多资源让渡给计算，该芯片实现了很高的性能和效率。此外，英特尔公司也推出了一款名为 RealSense Depth Camera ASIC 的 ASIC 芯片，专门用于深度相机的计算。百度则是从 2015 年开始自研 ASIC 芯片，目前已经推出了多款相应产品，如昆仑系列 ASIC 芯片 Kunlun 310、Kunlun 910 等多个型号。

二、AI 算力需求估算和成本消耗

大模型训练时对算力的需求分两个阶段：一个是预训练阶段，另一个是推理使用阶段。

训练时的总算力需求 ＝ 模型参数量 × 训练词数 × 每个词的运算量

其中每个词的运算量在普通的正向传播运算时，1 个词更新 1 个参数，就需要做 1 次乘法和 1 次加法，合计 2 次浮点运算。而在模型训练时，除了进行正向传播运算，还需要进行反向传播算法的运算（反向传播运算是正向传播运算的 2 倍），合计是推理运算量的 3 倍，因此每个词在预训练时需要消耗 6 次浮点运算。

推理时的总算力需求 = 模型参数量 × 推理词数 × 每个词对应的运算量

其中，推理词数等于用户访问次数、平均每次访问所提的问题个数、每个问题回答时用的词数这三者的乘积。

因此，最后所需要的 GPU 数量 = 总算力需求 /（单个 GPU 算力 × 计算用时 ）。

在大模型高算力的需求下，算力成本开销巨大。通过估算，假设一片英伟达最高端的芯片成本平均在 8 万元（仅作为假设计算参照，实际价格有周期和波动 ），GPU 服务器通常超过 40 万元。ChatGPT 一次训练费用超过 1 200 万美元。大模型高昂的训练费用，导致参与企业基本上都是巨头或者巨头支持下的创新企业，例如 OpenAI。而上述列举的费用仅仅只是训练部分，进入应用则需要推理计算，推理芯片的市场远大于训练芯片，关于所花费的算力对应的费用，OpenAI 的 CEO 山姆·阿尔特曼在接受采访时表示，用户和 ChatGPT 每次交互式的费用成本"个位数美分"，随着 ChatGPT 应用流行后每个月的计算成本可能会达到几百万美元。

三、大模型拉动算力产业链增长

大模型参数呈指数级增长，对算力的需求不断上升，同时也带动了芯片、光模块、AI 服务器等行业的增长。国内外头部厂商推出的大模型都是万亿、十万亿规模级别的参数。模型参数越多，模型的复杂程度越高，对算力的需求也就越高。大规模长时间的集群训练，对于网络的可靠性、性能成本等方面都带来了很大挑战。例如 GPT–3.5 训练使用的是微软专门建设的 AI 计算系统（E 级的超级计算机，有 28.5 个 CPU）由一万块英伟达 A100 芯片组成的高性能网络集群，在微软的公有云上训练，总算力消耗大约 3 640PetaFlop/s-day，也就是假设每秒计算一千万次，需要 3 640 天。从国内情况来看，阿里巴巴达摩院的 M6 大模型、百度的文心一言大模型、腾讯的混元 AI 大模型，参数都达到了千亿级别，要完成这些大模型的训练任务，需要投入 1 000PetaFlop/s-day 以上的算力资源。根据 OpenAI 的测算，未来全球头部的 AI 模型训练，从 2012 年以来所需要的算力每 3 至 4 个月翻一倍，每年所需算力增幅达 10 倍。

据弗若斯特沙利文（Frost&Sullivan）预测，2022 年至 2026 年，全球 AI 芯片市场规模复合增速为 26.3%。另外，根据市场研究公司 Verified Market Research 的报告称，全球 GPU 预计到 2030 年将达到 4 773.7 亿美元，2021 年至 2030 年复合增速达 33.3%。中国市场，根据国际数据公司（IDC）与浪潮信息联合发布的《2022—2023 中国人工智能计算力发展评估报告》显示，预计到 2026 年，智能算力规模将达到 1 271.4EFLOPS，2021 年至 2026 年的复合增长率将达 52.3%。其中 GPU 占据中国 AI 芯片市场的份额大约为 89%。

　　AI 服务器需求方面，IDC 的数据显示，2021 年全年全球人工智能服务器的市场规模为 156.3 亿美元，同比增速为 39.1%，浪潮信息、戴尔、惠普分别以 20.9%、13.0%、9.2% 的市占率处于行业前三；预计到 2025 年全球人工智能服务器市场规模将达到 317.9 亿美元，五年复合增速为 23.2%。中国市场，2021 年中国人工智能服务器市场规模达 59.2 亿美元，与 2020 年相比增长 68.2%，浪潮信息、新华三、宁畅、安擎、华为等厂商处于中国人工智能服务器行业创新的前列；中国人工智能服务器预计到 2026 年，规模将达到 123.4 亿美元。

第三节　数据层：数据是大模型训练的"燃料"

一、数据量爆发，数据复杂度提升

随着数字经济时代的到来，全球数据规模经历了一场爆发式的增长，呈现出指数级的趋势。数据在数字经济中扮演着至关重要的作用，作为数字经济的最为重要的生产要素，在引领新经济形态、培育新业态、促进新兴产业发展等方面都具有不可替代的重要作用，是推动数字经济快速增长的核心驱动力之一。数据的爆发式增长可以归因于多个因素。首先，互联网的普及使得全球范围内的数据交换变得更加便捷和高效，大量的数字内容被创造、共享和存储，包括文本、图像、音频和视频等。其次，物联网技术的快速发展导致了大量传感器和设备的连接，产生了海量的实时数据。最后，社交媒体、移动应用和电子商务等的普及也为数据的产生和积累提供了巨大的推动力。

数据复杂度不断提升。数字经济时代，人类生产生活每时每刻、不同场景、不同行业和应用都产生大量的数据，这些数据可能来自各种来源，具有多样的格式和形式，如社交媒体的评论、音频和视频的流媒体、传感器数据的时序序列等，既有结构化的数据，也有非结构化的数据，更多的是非结构化的数据，包括大量的文本、图像、语音、视频等。据 IDC 的数据测算，非结构化数据占整体数据比例在 80% 以上，但目前这些非结构化的数据用在 AI 训练中尚不充足，未来将还有很大的潜力。各种结构化和非结构化的快速增长，使得数据的复杂度不断提升，数据的质量、准确性和一致性也面临着挑战，需要进行有效的数据清洗和整合。另外，云计算和存储技术的发展，解决了各种海量数据带来的存储和运算的挑战，支撑各类数据在人工智能中的应用。

二、数据与人工智能大模型关系

数据是人工智能的燃料，类似石油与汽车的关系。而大数据为人工智能提供了重要基础，因此数据的质量、多样性和数量对于人工智能的发展至关重要。就像汽车需要高质量的燃料以保持良好的性能和效率一样，人工智能系统也需要高质量、多样性和大量的数据来实现更准确、智能和全面的功能。丰富的数据集能够提供更全面的信息，帮助训练模型更好地理解和解决现实世界中的问题。大数据可以分为结构化数据（关系型数据库等）和非结构化的数据（文本、图像、视频等）。大模型的训练需要大量数据的支持，以海量大数据作为训练样本，分析发现其中的规律和趋势并挖掘其中的价值。因此，优质的训练数据资源成了稀缺资源。根据 Dimensional Research 的全球调研报告显示，72% 的受访者表示，为了确保模型的有效性和可靠性，至少需要使用超过 10 万条训练数据；同时，96% 的受访者表示在模型训练过程中，会遇到数据量不足、训练数据质量不佳以及数据标注人员不足等方面的问题。

大模型需要的数据量大、来源多样，用在预训练和调优两个阶段。当前国内外主流的大模型参数规模庞大，达到千亿数量级，并且训练数据量大，仅 GPT-3 的训练数据量就超过 45TB。预训练阶段，为了增强大模型的通用能力，需要大规模的数据来学习语言和语义的普遍模式。这些数据可以包括互联网、文本语料库、书籍、新闻文章及社交媒体等各种来源的文本数据。这些数据通常是未标注的原始数据，预训练的目标是通过对这些数据的训练学习来捕捉语言的统计特征和语义表示。在调优阶段，大模型需要经过有监督的训练来完成特定的任务。这时，需要更具目标性的数据来进行模型的微调和优化，这些数据可以来自各种特定领域的数据集，例如图像、语音、视频、文本等。通过使用这些特定领域的数据进行有监督的训练，可以使大模型在特定任务上表现更出色，让模型的输出更好地与人类的需求和价值对齐。

三、数据采集服务和数据来源

AI 基础数据服务分五个阶段：数据库设计、数据采集、数据清洗、数据标注、数据质检。其中数据采集是指大模型需要收集大量的文本数据用于训练，收集这些数据可能需要利用爬虫技术等手段来搜索和下载网络上公开可用的数据。数据清洗包括修复编码错误、删除重复内容、去除特殊字符等，预处理步骤包括分词、词形还原、标点符号处理等。通过对数据清洗和预处理之后，才能够将数据用于训练。在数据标注方面，不同行业和场景的需求具有差异性，通常需要由专业的团队和机构来完成标注，提高数据集的质量。

大模型所需要的数据有两大方面的来源。第一个数据来源是从各种数据源头搜集的数据，包括有公开数据集（图像数据集如 ImageNet、MNIST 等，以及文本数据集如 Wikipedia 等）、合作数据分享（例如很多医疗机构搜集大量影像数据可以用于训练图像或者肺癌检测等任务）、大规模的网络数据（搜索历史，浏览器记录、GPS 位置、社交网络等）、数据众包（人工搜集数据）。从大模型训练的数据量来看，GPT-2 的训练数据来自 Reddit 上高赞的文章，该数据集共有约 800 万篇文章，总量约为 40G。而 GPT-3 模型的神经网络是在超过 45TB 的文本上进行训练的，这个数据量相当于整个维基百科英文版的 160 倍。第二个数据来源方面，即 AI 生成的标注数据，由于人工数据经常受到各方面条件的限制，人们用合成数据来解决人工智能发展过程中的数据限制。可以通过 AIGC 的算法，来创建合成数据，当前这些技术已经迎来重大进展，将进一步推动 AI 技术更加广泛地应用落地。人工智能 2.0 阶段和人工智能 1.0 相比，合成数据是实现人工智能 2.0 的关键技术进展和突破，AI 1.0 所面临的准确性、速度、安全性和可扩展性等都将得到解决。计算机用模拟技术或者算法创建生成的自己标注的信息，作为真实环境数据的替代品。

第四节 应用层：从 AIGC 走向
通用人工智能

从行业应用的角度，当前处在人工智能生成内容阶段，AIGC又称生成式 AI（即 Generative AI），以生成文本、图像、音频、视频和代码等五大能力为基础，进而生成针对不同行业和场景下新的应用。在这一阶段，适用于需要一定容错率的场景。这是在走向通用人工智能道路上开始的重要一步。

一、基础能力：五大基础能力支撑生态应用

文本生成能力：在模型学习了大量的文本数据后，AI 自动生成新的、具有一定风格或主题的文本。包括一是辅助文本，生成各种形式的辅助文本，例如说明书、用户手册、操作指南等，帮助用户更好地理解和使用产品或服务。二是交互文本，生成对话系统所需的交互文本，例如聊天机器人的回答、客服人员的应答等，提高人机交互的效率和准确性。三是创作文本，生成文学作品、新闻报道、广告文案等各种类型的创作文本，例如自动生成

诗歌、小说、新闻报道等。四是翻译文本，实现多语言之间的自动翻译，并生成相应的翻译文本，为跨语言交流提供便利。五是摘要文本，自动提取文章中的关键信息，并生成简短精炼的摘要文本，方便用户快速了解文章内容。

图像生成能力：AI 通过学习大量的图像数据，自动生成新的、具有一定风格或主题的图像。包括如下几类，一是风格迁移，将一张图片的风格应用到另一张图片上，从而实现风格迁移的效果。例如，将一张照片现有的风格转换为油画风格。二是图像生成器，根据输入的一些参数（如颜色、形状、纹理等），自动生成一张新的图片。例如，根据一些颜色和纹理，模型可以生成一张抽象艺术风格的图片。三是超分辨率图像生成，对低分辨率图像进行处理，生成高分辨率的图像。例如，对于一张低分辨率的模糊照片，模型可以自动提升图像分辨率，从而生成一张清晰的照片。四是图像修复，对受损或缺失的图像部分进行修复，从而实现图像修复的效果。例如，对于一张破碎的照片，模型可以自动修复其中的碎片并重新生成完整的照片。五是图像增强，对图像进行增强处理，提高图像的质量和清晰度。例如，通过对一张模糊的照片进行增强处理，模型可以生成一张更加清晰、细节更加丰富的照片。

音频生成能力：通过学习大量的音频数据，AI 模型自动生成新的、具有一定风格或主题的音频。包括如下几类，一是语音合成，AIGC 的模型可以根据给定的文字内容，自动将文字转化为语音，并生成一个新的音频。例如，将一段文字转化为一个朗读的语音。二是音乐创作，AIGC 的模型可以根据一些音乐元素和参数，自动进行音乐创作，并生成一个新的音乐作品。例如，根据一些旋律和节奏，模型可以自动生成一首歌曲。三是语音转写，AIGC 的模型可以将人类的语音转化为文本，从而实现语音转写的功能。四是音频修复，AIGC 的模型可以对受损或缺失的音频部分进行修复，从而实现音频修复的效果。例如，对于一段损坏的音频片段进行修复，模型可以重新生成完整的音频。五是音频增强，AIGC 的模型可以对音频进行增强处理，提高其质量和清晰度。例如，对一段低音量的音乐进行增强处理，使其更加清晰响亮。

视频生成能力：通过对大量的视频数据的学习，AI 模型自动生成新的、具有一定风格或主题的视频。包括如下几类，一是视频剪辑，根据给定的视频素材和一些参数，自动进行视频剪辑和编辑，并生成一个新的视频。例如，将一段电影自动剪辑成一个短视频。二是视频特效，自动为视频添加各种特效，如滤镜、转场等，从而实现视频的特效效果。例如，为一部电影添加特效，使其更加生动有趣。二是视频内容生成，根据一些关键词或描述，自动生成一个新的视频内容。例如，根据一些关键词和描述，模型可以自动生成一个关于旅游景点的视频介绍。四是视频修复，对受损或缺失的视频部分进行修复，从而实现视频修复的效果。例如，对于一段损坏的视频片段进行修复，模型可以重新生成完整的视频。五是视频合成，将多个视频素材进行合成，从而生成一个新的视频。例如，将一段音乐和一个视频素材进行合成，生成一个音乐视频。

代码生成能力：根据给定的输入参数和算法模型，自动生成符合要求的代码，可以提高开发效率和代码质量，减少人工编写代码的工作量。另外，还可以实现自动化测试、调试和优化等功能。对不同类型数据的自动解析和处理，从而提高数据处理的效率和准确性。对用户反馈和需求的分析和学习，自动优化和完善代码生成的质量和效果。另外，能够自动进行代码补全和优化，对受损或缺失的代码部分进行修复。可以根据一些设计规范和标准，自动对代码进行重构，从而提高其可读性和可维护性。

二、C 端应用：To C 端以服务订阅形式为主

（一）搜索行业

在搜索行业中，各类通用人工智能技术可被用于实现更加智能化、个性化的搜索服务。通用人工智能技术可以从海量的数据中学习和提取特征，从而对搜索结果进行更加精准和智能地预测和推荐。例如，当用户输入一个关键词时，大模型可以通过分析

用户的搜索历史、地理位置等信息，自动推荐相关的搜索结果。同时，大模型还可以通过自适应学习不断优化自身的算法和模型，从而提高搜索结果的质量和准确性。在搜索引擎领域，大模型的应用已经非常广泛，各大搜索引擎公司都在积极探索和研究如何利用大模型来提升搜索服务的智能化水平，以满足用户日益增长的需求。微软 Bing 搜索集成了 ChatGPT 的功能，可回复看似人类撰写的完整文字段落，还可以支持 AI 绘画，该功能是由 OpenAI 的 DALL·E 模型驱动的 AI 图片生成功能。2023 年 5 月 10 日，百度在其搜索页面中新增了 AI 对话的链接，用户输入内容之后，会生成相应的内容。

站位不同导致每家企业考虑不同，微软在搜索领域市占率低，因此便大力推进 ChatGPT 大模型能够融入搜索业务；谷歌作为搜索领域的全球第一市占率企业，考虑到大模型对于传统搜索的冲击，以及带来的边际改进收益，相对比较谨慎，更希望实现"模型作为一种服务"的商业模式——出售 API、订阅。百度与谷歌相比，在中国有着相似的市场地位和利益格局、外部形势，因而，百度的意向更接近于谷歌——以提供大模型的企业级服务等多种方式来实现商业模式变现。

（二）对话机器人

各类大模型等通用人工智能技术具有强大的语言能力，能够分析用户的输入语言，从而实现更加智能化、自然化的对话体验，在对话机器人领域也有着广泛的应用。这些大模型通常需要大量的数据和计算资源来训练和优化，能够处理非常复杂的自然语言交互任务。例如，当用户与对话机器人进行交互时，大模型可以通过分析用户的输入语言，理解用户的意图和需求，然后自动生成相应的回复内容。同时，大模型还可以通过自适应学习，不断优化自身的算法和模型，提高对话机器人的准确性和智能程度。在对话机器人领域，大模型的应用已经非常广泛，各大科技公司都在积极探索和研究如何利用大模型来提升对话机器人的智能化水平，以满足用户日益增长的需求。

（三）辅助写作

生成式 AI 可以帮助作者提高写作效率和质量，在写作过程中，作者需要进行大量的文献检索和资料收集，AI 可以通过自然语言处理技术，快速地从海量文献、资料中提取出相关信息，并生成符合要求的引用和参考文献列表。AI 可以根据作者的写作风格和主题，自动生成一些关键性的句子和段落，帮助作者提高文章的质量和连贯性。在写作过程中，作者可能会遇到语言表达不准确或者语法错误的问题，AI 还可以帮助作者进行语言表达及语法方面的纠错。通过自然语言处理技术，自动检测和纠正这些问题，提高文章的语言表达能力和准确性。同时，在写作过程中，作者可能会遇到思路不清或者缺乏创意的问题，大模型可以通过深度学习技术，分析大量的相关文献和资料，为作者提供更多的灵感和创意，帮助作者拓宽思路和视野。

（四）数字人

在数字人制作效率方面，通用人工智能技术为数字人的生产和创作提供更加高效和精准的方式。数字人制作过程中需要考虑众多的因素，如人体结构、面部表情、动作等，传统的数字人生产和创作往往需要大量的人工干预和创作，难以满足快速迭代和创新的需求。通用人工智能技术是自动从海量的数据中提取出规律和特征，例如，在数字人动画制作领域中，AI通过自动补间技术，能够实现数字人在运动过程中的自然流畅性，为数字人制作提供更加智能化的辅助。

在应用场景方面，通用人工智能技术使数字人更加通用和智能。传统的数字人往往只能在特定的领域或场景中应用，难以满足不同场景下的需求，通过通用人工智能技术加持，生成逼真的语音和语言表达，能够帮助数字人更好地在多行业、多场景下与人类进行通畅的交流，从而拓展数字人的应用范围和机会。通过对大量数据的分析和挖掘，了解用户的需求和偏好，为数字人提供更加个性化的服务和管理，从而提高用户的满意度和忠诚度。

（五）个人助理

2023 年 5 月 22 日，微软公司联合创始人比尔·盖茨表示，顶级人工智能将成为当前 IT 技术竞赛的优胜者，它将颠覆搜索引擎、生产力软件和在线购物网站。他认为，未来的人工智能个人助理将可以理解用户的需求和习惯，并帮助用户阅读没有时间阅读的内容。虽然谷歌、亚马逊等科技巨头对此心知肚明，但强大的数字个人助理成为主流还需要一段时间，各家公司会继续将类似于 ChatGPT 的生成式人工智能技术嵌入产品中。最终赢家将可能是一家初创公司，例如令盖茨印象深刻的 Inflection AI。而无论谁赢得这场竞赛，成为 AI 个人助理的开发者都是一件大事。

比尔·盖茨认为，谷歌主打搜索、亚马逊主打购物、微软主打生产力、苹果主打设备，但拥有个人助理后，这些便会整合成只需要一个助理即可完成购物、计划、撰写文件等多种任务的便捷工具。此外，他还谈到了人工智能在医疗健康领域的作用，称其将加速创新并促进药物的开发。

（六）教育学习

在学生的学习方面，通用人工智能可以使教育方式更个性化，真正做到因材施教，激发学生创造力、自我管理及解决问题的能力。传统的教学方法往往是"一刀切"，无法满足每个学生的个性化需求，而通用人工智能技术的应用，基于分析学生的学习行为和学习结果，为每个学生提供个性化的学习计划和学习资源，帮助学生更好地掌握知识和技能。在学习方式上，通用人工智能可以将平面化的课本做到更加具体化、立体化、生动化，根据学生的学习情况和喜好，自动调整学习内容和难度，提高学生的学习兴趣和积极性，使学生更加主动地参与到学习过程中来。

在老师的教学效率方面，传统的教学过程中，教师需要花费大量的时间和精力来进行备课和批改作业等工作。而通用人工智能可以通过自然语言处理技术和智能评测技术，自动检测和评估学生的学习成果，为教师提供更多的反馈和建议，帮助教师更好地指导学生。同时，为教师智能化地提供更多的教学资源和工具；通过对学生数据的分析和挖掘，教师可以更加准确地了解每位学生的情况和需求，提供更加个性化的服务和管理。

（七）艺术创作

传统的艺术创作通常需要人类的创造力和想象力，但随着通用人工智能技术的发展，它也可以帮助艺术家更加智能化地进行创作。表现在以下几个方面。

第一，帮助艺术家更加高效地进行创作。传统的艺术创作过程通常需要耗费大量的时间和精力，而通用人工智能可以通过自动化、智能化的方式，加速艺术创作的过程。例如，根据艺术家的创作风格和特点，自动生成新的艺术品或设计元素，从而提高创作效率和质量。

第二，帮助艺术家实现更加智能化的艺术表达方式。传统的艺术表达通常是基于人类的情感和经验，而通用人工智能技术则可以实现更加智能化和个性化的艺术表达。例如，AI 可以根据观众的情感和反馈，自动调整艺术作品的色彩、构图和表现手法，从而提高艺术作品的观赏性和感染力。

第三，为艺术家带来更加丰富的创作体验和互动方式。传统的艺术展览通常是单向的，而通用人工智能技术可以实现更加智能化和交互式的展览体验。例如，AI 可以根据观众的行为和反馈，自动生成不同的艺术作品和互动环节，从而提高观众的艺术参与度和体验感。

（八）音乐创作

通用人工智能技术可以协助打造音乐创作全链路培养体系，帮助有潜力的音乐人成为成熟音乐人。

在音乐创作环节，能够帮助音乐人更加高效地进行创作。例如，AGI 技术可以根据音乐人的创作风格和特点，自动生成新的音乐作品或乐曲结构，从而提高创作效率和质量。此外，还可以自动分析用户的音乐偏好和需求，为音乐人提供更加智能化的音乐创作建议。

在音乐宣推环节，通用人工智能技术可以通过数据分析和预测模型，帮助音乐人更加精准地进行宣传推广。例如，可以根据用户的搜索历史和行为轨迹，自动推荐适合他们的音乐作品和歌手，从而提升宣传效果和转化率。此外，还可以通过社交媒体分析和情感识别技术，了解用户对音乐的反馈和情感倾向，为音乐人提供更加智能化的宣传策略。

在音乐变现环节，利用通用人工智能技术根据音乐人的版权信息和市场需求，能够自动匹配合适的版权交易平台和买家，从而提高版权交易的效率和安全性。此外，通用人工智能可以通过大数据分析和预测模型，预测音乐市场的趋势和变化，为音乐人提供更加智能化的商业决策支持。

三、B 端应用：垂直场景下的生产力变革

（一）办公领域

微软、金山办公等国内外龙头企业纷纷投入资金、人力，开启办公和软件生态变革。据媒体报道，微软在 Office 和 Windows 中集成了 GPT 的功能。在 2023 年 3 月 16 日发布的产品 Microsoft 365 Copilot 中，微软集成了 GPT-4，将生成式 AI 助手直接嵌入 Office 365 全家桶中，并升级了 Word、Excel、PowerPoint、Outlook 和 Teams 等工具套件。使用该系统时，用户可以提出问题并提示

AI 撰写草稿、编辑电子邮件、制作演示文稿、总结会议等。例如在 Excel 中使用 Copilot 时，系统可以回答用户提出的表格中的数据问题，并分析相关性，发现趋势；用户还可以要求 Copilot 基于 Word 文档生成 PowerPoint 演示文稿等。2023 年 5 月 23 日，微软召开 Build 2023 开发者大会，会上微软 CEO 萨蒂亚·纳德拉（Satya Nadella）宣布，正在为 Windows 11 添加人工智能助手智能副驾（Windows Copilot），以便用户能够在 Windows 系统中获得聊天机器人体验。在现场演示中，Windows Copilot 位于电脑的右侧边栏，能够协助用户执行各种基本操作和任务，例如回答问题、总结信息、编辑文档以及调整计算机设置等。在金山办公 2023 年 5 月 31 日举行的"2023 数字办公中国行"活动上，大模型技术支持下的新产品 WPS 365 和 WPS AI 亮相，同时金山办公发布了"数字办公生态共建计划"，该计划旨在挑选 30 家优秀的生态合作伙伴，重点关注制造、医疗、教育、金融等十大行业，并在未来致力于服务超过 100 个客户的数字化办公场景。

（二）市场销售

销售是一项需要与客户进行频繁的沟通、交流和协商的工作，销售人员需要通过各种方式了解客户需求，并为其提供产品或服务信息，从而达成销售目标。在这个过程中会产生大量的非结构化的数据，包括以文本、音频、视频等形式存在的客户反馈、评价、评论、建议、投诉等。这些数据虽然没有明确的结构和格式，但是它们对于企业的市场调研、产品改进、客户服务等方面都具有非常重要的作用。生成式 AI 在搜集、分析、处理这些数据方面，可以有效解决人类的痛点。其作用主要涉及以下几方面，一是，能够将非机构化的数据结构化，提高信息录入的效率，自动整理各种纪要和文件。二是，能够自动化销售流程：帮助企业实现自动化的销售流程，从而提高销售效率和准确性。例如通过自然语言处理技术自动回复客户的咨询，识别潜在客户的需求并进行个性化推荐，以及自动化销售谈判等。三是，能够帮助企业对大量的销售数据进行分析和挖掘，从而了解客户的需求和行为模式，优化销售策略和产品设计。四是，能够帮助企业提供更加个性化的服务及销售策略，从而提高客户的满意度和忠诚度。例如，根据客户的历史购买记录和偏好推荐相关产品和服务，以及根据客户的行为模式调整销售策略等。

（三）电影制作

电影制作方面，通用人工智能技术帮助电影制作实现更加智能化、高效化的过程，提高电影的质量和观影体验。一是在剧本创作方面，帮助电影制片人和编剧创作出更加创新、有趣的剧本，分析大量的电影剧本和观众反馈，学习不同类型的故事结构和人物塑造技巧，从而生成新的剧本创意。二是帮助演员们更好地理解和演绎角色，分析演员的表演风格和情感表达，提供个性化的表演指导和建议，帮助演员更好地诠释角色。三是帮助电影制片人实现更加逼真、精细的视觉特效，通过对场景和角色进行建模和渲染，提高视觉效果的真实感和细腻度。四是帮助电影制片人制订更加科学、高效的拍摄计划，通过数据分析技术预测天气、交通等因素对拍摄计划的影响，从而优化拍摄进度和资源利用效率。

电影宣发方面，通用人工智能使得在社交媒体营销、个性化推荐、票房的预测等方面有重要的效率提升，让电影宣发更便捷、更高效。一是可以帮助电影制片人和发行商通过社交媒体平台实现更加精准、高效的营销，通过分析观众的搜索和讨论关键词，自动推送相关的电影信息和预告片，吸引更多的观众关注和分享。二是可以帮助电影院和观众实现更加个性化的电影推荐，通过分析观众的观影历史和喜好，为观众推荐符合其口味的电影作品，提高观影体验和满意度。三是可以帮助电影发行商进行票房预测和风险管理，通过数据分析技术和机器学习算法分析市场趋势、竞争情况等因素，预测电影的潜在票房收入，帮助发行商制定更加科学合理的发行策略和预算。四是，可以帮助电影发行商实现自动化的发行过程，提高发行效率和安全性。

（四）新闻传媒

通用人工智能技术有助于在新闻传媒领域实现人机协同生产，完成新闻撰写、内容推荐、视频生视频、字幕生成等一系列作业流程。一是帮助新闻机构实现自动化的新闻写作，通过自然语言处理技术分析新闻事件的关键信息和报道要点，自动生成新闻报道稿件，提高新闻机构的工作效率和准确性。二是帮助新闻机构实现个性化的内容推荐，对用户的兴趣爱好、历史浏览记录等进行分析，为用户推送符合其喜好的新闻内容，提高用户的满意度和忠诚度。三是对社交媒体、新闻报道等渠道中的言论进行分析，了解公众的态度和情绪变化，为政府和企业提供决策支持。四是对新闻事件进行实时跟踪和拍摄，自动生成新闻报道视频，提高新闻报道的时效性和可视性。五是实现自动化字幕、多语种字幕、实时字幕生成和字幕翻译等，提高新闻报道的全球传播效果，增加受众覆盖面。

（五）游戏制作

在游戏开发制作方面，通用人工智能技术帮助游戏开发者更加智能化地设计和开发游戏，自动生成如地图、角色、道具等各类游戏内容和场景。例如，游戏开发公司 Riot Games 就利用 AIGC 技术自动生成了大量的英雄角色和地图元素，从而大大缩短了游戏开发的时间和成本。

在游戏玩法方面，通用人工智能技术令玩家有千人千面的玩法，更加个性化。传统的游戏玩法通常是固定的，而通用人工智能技术能够根据玩家的需求和行为，自动生成不同的游戏场景和任务。例如，根据玩家的游戏历史记录和行为模式，自动推荐适合他们的游戏内容和任务。根据玩家的行为和反馈，自动调整游戏中的难度和奖励机制，以最大优化玩家的游戏体验。此外，通用人工智能技术还可以自动调整游戏画面的分辨率、帧率等参数，自动检测游戏中的漏洞和问题，并及时进行修复和优化，从而提高用户的满意度和体验感。

另外，通用人工智能技术能够为游戏行业带来更加丰富的社交和互动体验。传统的游戏社交通常是基于玩家之间的互动和竞争，而通用人工智能技术可以实现更加智能化和个性化的社交互动，根据玩家的语言和情感表达，自动识别他们的情绪和需求，并提供相应的支持和服务。

（六）广告行业

通用人工智能技术在万亿级的广告市场中具有广泛的应用。一是可以做到分析用户的需求和喜好，自动生成符合用户喜好的广告素材或物料。此外，可以根据历史数据和市场趋势，预测用户可能感兴趣的广告素材或物料，并提供相应的建议和创意，帮助广告主更快地推出新的广告素材或物料，提高营销效果和投资回报率。二是能够分析用户的行为和兴趣，了解用户的购买意愿和偏好，从而实现更加精准的广告投放，自动调整广告投放策略和预算，帮助广告主更好地管理广告投放成本，提高转化率和销售额。三是通过分析广告投放的数据，包括点击率、转化率、花费、受众定位等指标，从而发现广告效果的瓶颈和优化空间。在这个过程中逻辑简单但工作量大的工作可以通过通用人工智能技术完成，让专业人士能够集中精力在挖掘创意和更多元素创新上。具有提高效率、降低成本、提高质量、提高个性化、帮助广告行业实现数字化转型等多方面的优势。

（七）汽车行业

通用人工智能技术在汽车座舱中有广泛的应用。越来越多的汽车制造商和科技公司开始将通用人工智能技术应用于汽车座舱中，以提供更加智能化和个性化的驾驶体验。例如，一些汽车制造商正在研发基于大模型的智能语音助手系统，可以通过语音指令实现车内控制、导航、娱乐等功能。这些系统可以通过学习用户的语音习惯和口音，提高语音识别的准确性和自然度，从而为用户提供更加便捷和舒适的驾乘体验。另外，一些汽车制造商也在研发基于大模型的人机交互系统，可以通过对驾驶员的行为和状态进行分析和判断，实现更加智能化的车辆控制和安全保障。据媒体报道，通用汽车正在与微软合作，计划利用 DALL·E、

ChatGPT 和微软 Bing 背后的技术，开发一款面向汽车的人工智能助手，旨在取代传统的汽车使用手册，并与车辆调度程序进行集成，该助手将具备理解和预测能力，能够判断是否需要打开车库门或关闭警报等操作。

（八）科研学术领域

通用人工智能技术在科研领域中将会有广泛的应用，有助于为未来的科学研究带来更多的创新和发展机会。大模型技术应用于各种不同的实验场景中，以提高实验效率、降低实验成本、减少实验误差等。例如，在化学实验中，大模型可以用于分子模拟、反应预测、化合物设计等。在生物学实验中，大模型也可以用于基因表达分析、蛋白质结构预测、药物筛选等。在新材料方面，大模型可以用于材料的分子模拟、晶体结构预测、电子结构计算等方面。在物理学、天文学等科学领域中，大模型也可以用于数据分析、模拟仿真等领域。

（九）金融领域

第一，通用人工智能技术能够助力金融机构降本增效。在产品设计和金融资讯方面，帮助金融机构设计和开发各种金融产品，例如投资基金、保险产品、信贷产品等。AI 可以识别出潜在的市场机会和客户需求，并提供个性化的产品设计和推荐介绍，提高金融机构内容生产效率。同时，可以使用通用人工智能技术来实现自动化完成各种业务流程，例如客户服务、风险管理、欺诈检测等，达成自动化的客户服务响应和问题解决起到降本增效的作用。

第二，帮助金融服务更有温度。通用人工智能技术的语言能力远高于传统 AI 技术，金融机构可以使用通用人工智能技术来实现智能客服，为客户提供更高效、更准确的服务，从而提高客户体验和服务质量。

第三，通过快速分析大量数据，辅助决策和降低风险。金融机构可以使用通用人工智能技术来进行大规模数据分析，以识别出潜在的商业机会和风险因素。通过使用机器学习和数据挖掘技术，金融机构可以快速地分析大量数据，并提取有价值的信息，从而优化决策和降低风险。另外，通用人工智能可以用来帮助金融机构快速地分析大量数据，辅助预测市场趋势、客户需求和风险情况等，从而更好地制定战略和决策。

（十）医疗健康

从医生的角度，通过通用人工智能技术可以帮助医生从繁重的重复性强的一般工作中解放出来。一是能够做到自动将患者的病史、症状、体征等信息录入电子病历中。通过这种方式，医生可以更快速地获取患者的关键信息，从而更好地制定治疗方案。

二是对医学图像进行分析和处理，从而提高图像质量和诊断准确性。例如，帮助医生识别肿瘤、病变等异常情况，并提供准确的标注和建议。

从患者的角度，通用人工智能可以做到自动回复患者的一般性问题、提醒患者服药、监测患者的健康状况等，另外可以协助医生进行患者管理和健康监测，从而提高医疗服务的质量和效率。

第五章

通用人工智能的全球竞争态势

知彼知己，百战不殆；不知彼而知己，一胜一负；不知彼，不知己，每战必殆。

——《孙子兵法·攻谋篇》

第一节　全球科技周期视角下看
通用人工智能

从过去 30 年全球信息科技发展看，已经历过三次信息科技革命周期，现在正处在第四次信息科技革命即智能科技革命周期的起步阶段。

第一轮信息科技革命周期：1990 年至 2000 年，PC 互联网的兴起。在 20 世纪 70 年代至 80 年代初期，计算机硬件和软件技术都得到了很大的提升，这为后来的互联网技术的发展奠定了基础。在 20 世纪 80 年代和 90 年代初期，个人电脑逐渐普及，越来越多的人开始使用计算机进行工作和娱乐活动。这就促使人们开始思考如何将计算机连接起来，形成一个更加庞大、更加高效的网络系统。整个社会进入信息爆炸时代，以雅虎为代表的各类门户网站，通过提供各种新闻、财经、体育、娱乐等方面的信息服务来吸引用户流量，再通过广告和电子商务等方式变现，逐渐奠定了互联网行业开放、免费和盈利的商业模式。

第二轮信息科技革命周期：2002 年至 2008 年，互联网普及和移动互联网萌芽。这个时期互联网经历了从 Web1.0 到 Web2.0

的转变，搜索引擎取代门户网站成为人们获取信息的主要途径。在 2000 年之前，互联网主要是以静态网页为主，被称为 Web1.0。这种形式的网站内容是由网站管理员创建和维护的，用户只能被动地浏览和使用这些内容。然而，随着 Web2.0 的出现，互联网开始变得更加具有互动性和个性化。Web2.0 的网站内容是由用户创建并参与维护的，用户可以自由地发布、分享和评论内容。这种形式的网站更加符合用户的需求和兴趣，也更加具有社交性和互动性。随着搜索引擎的出现和发展，人们可以通过搜索引擎来查找自己需要的信息，而不必再依赖于门户网站。搜索引擎可以根据用户的搜索关键词和搜索历史来提供更加精准和个性化的搜索结果。这一时期，通信技术快速发展，2G、3G 网络相继出现，移动互联网开始萌芽。

第三轮信息科技革命周期：2009 年至 2018 年，移动互联网的普及和云计算兴起。在 2009 年之后，移动互联网开始得到普及。随着智能手机、平板电脑等移动设备的出现和普及，人们可以随时随地使用互联网和移动应用程序。例如，移动支付、移动购物、移动医疗等应用的出现，使得人们可以更加方便地进行各种活动。4G 技术的普及也进一步提高了移动设备的性能和速度，使得移动互联网的使用更加便捷和高效。这个阶段，在云计算技术也开始兴起，并逐渐形成了 IaaS、PaaS 和 SaaS 三种商业模式，云计算帮助企业降低 IT 成本，提高效率和灵活性。

第四次信息科技革命周期：2018 开始，进入智能革命周期。云计算、大数据技术已经成熟，为人工智能的发展奠定了算力和数据基础。随着 2017 年 Transformer 框架提出，自 2018 年开始，基于 Transformer 的各类大模型预训练技术"军备赛"开始，全球 IT 厂商纷纷入局。随着 ChatGPT 的出世和惊艳表现，全球都意识到正迎来新一轮技术突破，人工智能将给社会和生活、工作带来颠覆性的变革，智能化成为核心引擎，推动社会进步和产业升级变革。

从企业微观结构来看，当前智能化的支出已经成为企业数字化转型的重点方向。随着人工智能技术的不断发展和应用，越来越多的企业开始将其应用于业务中，从而实现数字化转型和升级。AI 技术可以帮助企业提高效率、降低成本、改善用户体验、优化供应链管理、改善产品质量等。例如，在客户服务领域，人工智能可以实现智能客服，帮助企业快速解决用户问题，提高客户满意度。根据 IDC 的预计，中国人工智能市场规模将在 2023 年超过 147 亿美元，到 2026 年将超过 263 亿美元。

从产业发展的阶段来看，当前人工智能技术正迎来产业应用落地的加速期。

一是技术突破拐点，奠定了行业渗透的技术基础。随着大模型技术的突破，全球企业纷纷认识到通用人工智能技术的爆发机会，从研发到应用各个环节，企业成为 AI 发展到主要推动力量。

多大型科技公司和创业公司都在积极投入研发资源开发新的 AI 技术和应用。谷歌、微软、亚马逊、百度、三六零等国内外知名企业，在人工智能算法、硬件设备、数据处理等方面具有很强的技术实力和优势，且均在人工智能领域进行了大量的研究和投资。此外，产业界还在积极探索 AI 技术的商业模式和应用场景。特别是随着 ChatGPT 等大模型路线被认可后，全球产业对 AI 的投入和应用进入加速扩张期，驱动行业应用加速渗透。

二是大模型训练成本下降，产业规模化应用成为可能。根据 ARK Invest Big Ideas 2023 报告，大型语言模型的训练成本已经大幅下降。在 2020 年，训练一个类似 GPT-3 级别的语言模型需要花费 460 万美元，而到了 2022 年，该项成本已经降至 45 万美元，每年下降 70%。这表明随着技术的不断进步和硬件设施的提升，大型语言模型的训练成本正在逐渐降低。这一趋势对于人工智能的发展具有重要意义，因为它将促进更多的企业和组织能够使用 AI 技术来解决实际问题。未来，我们可以预见，随着技术的不断发展和应用场景的不断扩展，大型语言模型的训练成本将会进一步降低，从而推动 AI 技术的发展和应用。成本下降的背后是算法的改进、模型训练技术的优化以及硬件性能提升等多方面因素作用的结果。

三是用户端需求大、认可度高，是产业化发展壮大的基础。

尽管当前的大模型等各类生成式 AI 技术仍有不足，但大模型技术优势明显，可以处理大量数据，并自动完成一些重复性、低价值的任务，从而提高生产效率。使用大型生成式 AI 技术可以降低企业的成本，可以处理大量的数据并从中学习规律和模式，从而提高预测和决策的准确性，以及提供更加个性化的服务和体验。因此，大模型技术认可度高，市场需求大。据 AI 平台 Writer 发布的一项关于生成式 AI 工具的调查报告显示，59% 的企业今年已经购买或计划购买至少一种生成式 AI 工具。

同时，全球产业资本和金融资本纷纷涌入生成式人工智能。

一方面是一级市场风险资本积极投入生成式人工智能。据媒体报道，2021 年和 2022 年，生成式人工智能领域吸引了大量风险投资，分别为 48 亿美元和 45 亿美元。2023 年一季度，即使在风险资本投资大幅下滑的情况下，该领域的融资额仍高达 100 亿美元。其中，Anthropic 计划两年内筹集 50 亿美元，争取取代 OpenAI。科技和数据服务企业正在投资初创生成式 AI 企业。如彭博是最活跃的企业风险投资机构（CVC）；Salesforce 旗下企业风投已参与 140 起 AI 相关初创企业融资，占其总投资的 20%。

另一方面是科技巨头不断押注 AI 赛道，微软、谷歌、百度等对外投资加码。微软 2019 年至 2023 年，多次股权投资 OpenAI，2019 年 OpenAI 将其模型训练转移到微软的云平台上，微软为其提供全方位的云服务支持；2021 年，微软和 OpenAI 签署了一项长期合作协议，微软获得 GPT-3 模型的独家授权；2023 年微软将 ChatGPT 的能力集成到 Office、Windows 等产品中。谷歌在 2023 年注资 3 亿美元投资 Anthropic，Anthropic 是由 OpenAI 前高管创立的，与谷歌的联合令该企业成为 OpenAI 在 AI 领域的竞争对手。百度宣布将设立 10 亿元的投资基金，以推动大模型生态繁荣。

第二节　大模型：全球百模大战，
谁主沉浮？

大模型全球竞争激烈，无论是行业巨头还是创新企业，资本和人才纷纷涌入。百模大战，谁主沉浮？对此，要分析清楚未来的态势，我们首先对大模型背后的企业进行分层划分。

美国大模型起步最早，首先，行业已经出现两大超级巨头体系即"微软＋OpenAI"和"谷歌-anthropic"两大体系，其次是其他IT大厂和初创企业。中国大模型中百度等厂商起步最早，但相对而言大模型之间还处在初步角逐阶段，竞争格局上尚未完全明朗化，无论是互联网厂商、AI厂商、初创企业以及科研院所，都纷纷入局，一时间大模型争相涌出。

一、美国："两超多强"的格局已形成

（一）两超争霸：谷歌与"微软＋OpenAI"

从战略对比上看，谷歌和微软两家公司战略重心都是人工智能。从AI技术和业务彼此优劣势对比来看，微软通过和OpenAI

联合，在自然语言处理和语言大模型方面目前风头最盛，谷歌落下风；但相比起来，谷歌在计算机视觉和图像识别方面处于领先地位，谷歌旗下产品布局 DeepMind、Waymo、Google Brain 等有很深的积淀。

1. 战役一：大型语言模型角逐，微软先首先发起进攻，谷歌两次重要反击

2022 年 11 月 30 日，OpenAI 上线 ChatGPT，快速火遍全球。四个月后的 2023 年 3 月 15 日，OpenAI 发布了多模态预训练大模型 GPT-4，再次在功能上实现飞跃：强化图片输入和识别能力、文字输入上线提高到 2.5 万字，回答准确性显著提高，能够吟诗作赋、创意文本、生成歌词，在一些专业基准上有人类同等的表现甚至超过了人类。一时间，作为 OpenAI 最大的股东，微软成为全球关注的焦点。

作为竞争对手，谷歌快速做出反应，发起反击，2023 年 2 月 8 日晚间在谷歌举行的 "Google presents:Live from Paris" 大会上，展示了其聊天机器人产品 Bard。Bard 是一项实验性对话式 AI 服务，由 LaMDA 模型提供支持。2022 年 4 月，谷歌宣布开放其大模型 PaLM 的 API 接口，推出面向开发者工具 MakerSuite，但 PaLM 在演示中的表现却不及市场预期，一时间谷歌股价大跌。而谷歌岂能甘心，于是北京时间 5 月 11 日凌晨 1 点，在谷歌 I/O 2023 开

发者大会上发布了 PaLM 2，PaLM 2 部分性能已经超越 GPT-4。它能够自动推理、归纳和抽象，为文本分析和自然语言处理提供了更高效的解决方案。

2. 战役二：微软持续进攻，将搜索引擎接入 ChatGPT，威胁谷歌的核心业务根据地

谷歌一直是传统搜索领域的霸主，几十年来微软从推出 MSN 搜索、Windows Live 搜索再到推出 Bing 搜索，多次尝试都未能撼动谷歌的地位。根据 Statcounter 在 2022 年发布的报告显示，全球搜索引擎市场谷歌市占率为 91.55%，微软只有 1.5%。而就在谷歌发布 Bard 的当天，微软宣布新版人工智能搜索引擎 Bing 和 Edge 浏览器上线，并且在 GPT-4 发布后称新版的 Bing 搜索引擎已经在 GPT-4 上运行。传统搜索引擎的检索模式将变成"提问—回答"模式，从而颠覆传统的缩影扫描、排名、分类等，直接威胁到传统浏览器广告流量等商业模式。

谷歌被迫再次反击，上线了一款名为 Big Bard 的模型，并且表示这仅仅只是公司布局对话模型计划中的一部分。

3. 战役三：谷歌反攻，向微软的腹地办公软件迂回包抄

谷歌进攻路线一：对外公开大模型 PaLM 的 API 接口，用户可以使用谷歌云和 AI 构建工具 MakerSuite 来创建 AI 模型，或者

将聊天机器人功能集成到自己的应用程序中。

谷歌进攻路线二：将生成式人工智能功能引入协作平台 Google Workspace 中，实现自动生成文档摘要、撰写电子邮件等功能，将 AI 融入 Workspace 的每个流程之中去。

在这些激烈竞争的背后，是微软和谷歌前期的资本和研发投入布局。微软多次参与 OpenAI 融资，目前是 OpenAI 最大的股东，将 OpenAI 产品和微软产品进行深度整合，同时微软的云平台也能够为 OpenAI 提供算力等方面的支持。谷歌在 AI 领域加大投入，自研比较多，并整合内部两支 AI 研究团队，成立了一个名为 Google DeepMind 的部门，继续研究 AI 对搜索广告业务的帮助和挑战。与此同时，谷歌投资了 OpenAI 的竞争对手 Anthropic。在这些大模型产品发布背后，是高昂的训练成本和应用推理侧成本，是资本和人才的竞争，是对行业市场份额和主导权的争夺。

下面我们分别从两大巨头的模型技术和产品的演变来进行分析。

（1）谷歌，作为大模型技术的行业奠基者，持续迭代升级大模型技术和参数。

2017 年，谷歌最早提出 Transformer 网络结构，奠定了近年来大型语言模型的技术基础。2018 年，谷歌推出基于 Transformer 的大模型 BERT，在自然语言处理的 11 个领域都创造了历史纪录。从技术路径上看，BERT 使用文本的上下文来训练模型，这一点和 OpenAI 的技术路径不同，尽管 ChatGPT 和 BERT 都属于 Transformer 模型的变体，GPT 系列算法只利用上文来预测下文。BERT 利用了 Transformer 的 Encoder 和 Masked LM 预训练方法，可以进行双向预测。2019 年，谷歌推出大模型 T5 提出了一个统一的模型框架，将各种 NLP 任务（翻译、回归、分类、摘要生成等）都视为文本到文本（Text-to-Text）任务，输入和输出都视为文本的任务。2021 年，谷歌推出的自然语言对话大模型 LaMDA，该模型就是在 ChatGPT 推出之后谷歌推出的聊天机器人谷歌 Bard 背后的算法。同一年，谷歌发布了一篇题为《Switch Transformers: Scaling to Trillion Parameter Models with Simple and Efficient Sparsity》的论文，文章中提出的稀疏激活技术（Switch Transformer），在同等计算资源下，能够使训练速度大幅提升。对于固定的计算量和训练时间，Switch Transformers 的性能明显优于密集 Transformer 基线模型，能够进一步提升大模型参数，使计算更加简单高效。就在 2021 年底，谷歌提出了通用稀疏语言模型 GLaM，GLaM 也是混合专家模型（MoE），该模型在小样本学习上打败了 GPT–3。2023 年 3 月，谷歌和柏林工业大学 AI 研究团队推出多模态视觉语言模型 PaLM-E，PaLM-E 具有 5 620 亿个参数。PaLM-E 的优势场景是问答、摘要、推荐等需要高效、准确、任务导向的内容的理解和生成。

（2）微软，资本和业务与 OpenAI 深度结合，占据先发优势，引领业务落地。2019 年微软首次投资 OpenAI 便深度绑定，双方战略上各取所取。OpenAI 把云计算服务从谷歌云迁移到微软的云平台 Azure 上。微软需要 OpenAI 的技术来升级和改造微软的产品，OpenAI 则需要平台商业化背书和强大的算力资源支持。2020 年，微软获得 GPT–3 基础技术的独家许可。2021 年，微软再次增资 OpenAI，双方合作进一步深入化，OpenAI 通过在 Azure 上部署开发 GPT、DALL·E、Codex 等，并通过向企业收费，获得公司最早的收入来源。微软将 OpenAI 技术深度集成到微软的自有产品中。2022 年，微软通过 Edge 浏览器和 Bing 搜索引擎提供基于 AI 图像生成工具 Image Creator 新功能。2023 年 3 月 9 日微软推出 Dynamics 365 Copilot，将大型语言模型 GPT–4 内建到 Microsoft 365 中。2023 年 5 月 23 日，微软在美国西雅图召开"2023 Build 开发者大会"，微软几乎所有主要的产品都集成了类 ChatGPT 功能。

此外，微软在 2020 年发布其自研的大型语言模型 Turing-NLG，在 2021 年与英伟达合作推出 Megatron Turing-NLG（MT-NLG），该模型有 5 300 亿个参数。

（二）IT 大厂：加速追赶，发布最新大模型

传统的科技大公司如 Meta、IBM、亚马逊等纷纷加速追赶，发布最新的大模型。

1. IBM

2023 年 5 月中上旬，IBM 在"Think"大会上重磅推出了大模型——Watsonx，宣布正式加入生成式 AI 这一赛道，全面布局生成式 AI 领域。IBM 官方信息显示，Watsonx 包括新一代 AI 平台基础模型 watsonx.ai、专用数据存储平台 watsonx.data、AI 安全治理 watsonx.governance 三个产品集。在技术方面，IBM 与开源社区 Hugging Face 进行深度合作，尽最大努力为 watsonx 平台上的所有用户带来更好的开源生成式 AI 模型体验；在产品融合方面，IBM 将 watsonx.ai 与现有产品智能客服 Watson Assistant、智能运维工具 AIOps Insights、Watson Code 和业务自动化工具 Watson Orchestrate 等进行深度融合，以提供深度生成式 AI 服务。

2. Meta

（1）自然语言大模型领域

2023 年 2 月底，Meta 公布了一个新的大型语言模型 LLaMA（全称为 Large Language Model Meta AI），有 70 亿、130 亿、330 亿和 650 亿四种参数规模。其主要特点有：第一，参数规模小，对算力要求比较低；第二，训练数据丰富；第三，AI 能力出众，逻辑推理强于 GPT-3，代码生成能力强于 LaMDA 和 PaLM。在3 月中旬，斯坦福大学研究人员微调 LLaMA 后发布了 Alpaca 模型，训练 3 小时仅用了 52K 数据。

（2）计算机视觉大模型方面

Meta 于 2023 年 4 月发布了一种全新的计算机视觉模型 SAM
（全称为 Segment Anything Model），并配套推出了名为 SA-1B 的
数据库。SAM 的最显著特点是它是一种通用场景的图像分割模型，
并引入了自然语言处理领域的"prompt 范式"。用户只需使用合理
的提示信息，就能轻松完成图像分割任务，不需要额外的训练过
程即可实现"即开即用"。

3. 亚马逊

2023 年 4 月 13 日，亚马逊 CEO 安迪·贾西（Andy Jassy）在
致股东的信中提到，亚马逊积极投资于大型语言模型和生成式人工
智能领域。随后，亚马逊发布了一系列新模型，其中包括 Amazon
Titan 系列和新的训练与推理实例。Amazon Titan 系列模型包括两种
类型：一种是用于内容生成的文本模型，可执行各种任务，如撰
写博客文章、电子邮件、文档摘要以及从数据库中提取信息；另
一种是嵌入模型，可创建高效的搜索功能和语义化数字表达式，
将文本输入转化为包含语义信息的数字表达。此外，亚马逊还推
出了针对开发者的 AI 编程工具 Amazon Code Whisperer 和用于
托管和开发生成式 AI 应用的 Amazon Bedrock 的新训练和推理实
例。这一系列的发布使亚马逊云科技能够增加抢占大型语言模型
市场的机会。亚马逊云科技表示，未来还将推出更多隶属 Amazon

Titan 家族的模型。

（三）初创企业：资本人才企业纷纷入局

除 OpenAI 外，Anthropic、Stability AI 等诸多初创企业也纷纷入局。

1. Anthropic

Anthropic 是由前 OpenAI 员工创立的人工智能初创公司，是 OpenAI 的竞争对手。谷歌于 2023 年 2 月向 Anthropic 注资 3 亿美元，获得了约 10% 的股份。2023 年 3 月，Anthropic 推出了名为 "Claude" 的大型语言模型该模型可以生成文本、编写代码，并作为类似于 ChatGPT 的人工智能助手，该模型的设计目标是解决未来人工智能安全的核心问题。Anthropic 公司采用了一种称为 "宪法人工智能" 的技术来训练 Claude。Anthropic 公司表示，与其他人工智能聊天机器人相比，Claude 可能产生有害输出的概率要低很多，该模型擅长拒绝有害词汇或有害引导，更符合人类价值观，更易于交谈和引导，并能够保持高度可靠性和可预测性。类似于 ChatGPT 的 API，Claude 可以根据用户的偏好调整个性、语气或行为。

2. Stability AI

Stability AI 开发了一款名为 Stable Diffusion 的图像生成工具。

2023 年 4 月，Stability AI 正式发布了一套名为 StableLM 的开源大型语言模型，进军语言模型领域。StableLM 的设计初衷是用于生成文本和代码，通过在开源数据集 The Pile 的基础上进行训练。The Pile 数据集包含了来自维基百科、Stack Exchange 和 PubMed 等多个数据源的信息。Stability AI 在 The Pile 的基础上进行了扩展，使得所使用的数据集的规模是标准 The Pile 的三倍。Stability AI 已经将 StableLM 模型发布到 GitHub 上，供开发者使用或根据需要进行调整。目前，StableLM 模型处于 Alpha 阶段，具有较少的参数数量，分别为 30 亿和 70 亿个参数。未来，Stability AI 还计划推出具有 150 亿至 650 亿个参数的模型。与 OpenAI 一样，Stability AI 也秉持着构建开源 AI 项目、推动人工智能发展的创业理念。

3. Jasper

Jasper 公司成立于 2021 年，由戴夫·罗根莫瑟（Dave Rogenmoser）与 J.P. 摩根（J.P.Morgan）以及克里斯·赫尔（Chris Hull）共同创立。2023 年 4 月，Jasper 荣登福布斯评选的"2023 年 AI 50 榜单"。Jasper AI 是一款 AI 文本生成工具，用户可以通过它自动生成博客文章、社交媒体文章、广告文案、电子书、登录页面副本、故事、小说等内容，用户只需输入文本 Jasper AI 便能生成相应的原创内容。该平台深入广告营销领域，有望成为垂直领域的领先企业。

然而，随着 ChatGPT 的出现，其技术的领先性和受欢迎程度对 Jasper 构成了巨大的冲击。Jasper 作为一款文案自动生成平台，其底层技术基于 OpenAI 的 GPT-3。尽管成立仅 18 个月，Jasper 的估值已达到 15 亿美元。IBM、Autodesk 等巨头公司都是 Jasper 的付费用户，这充分证明了 ChatGPT 底层技术具备巨大的商业潜力。

4. Hugging Face

Hugging Face 是一家成立于 2016 年的 AI 初创公司，其核心技术是自然语言处理。公司由法国连续创业者克莱门特·德朗格（Clément Delangue）、托马斯·沃尔夫（Thomas Wolf）和朱利安·肖蒙（Julien Chaumond）共同创办，总部位于美国纽约。Hugging Face 最初是一家提供聊天机器人服务的初创公司。虽然其聊天机器人业务没有取得预期的成果，但在 GitHub 上开源的 Transformers 库却迅速在机器学习社区中引起了轰动。作为 OpenAI 的主要竞争对手之一，Hugging Face 的主要业务包括开发自己的 AI 产品以及托管其他公司开发的产品。公司已经成为 AI 开发者共享开源代码和模型的在线中心之一。据亚马逊 AWS 数据库分析和机器学习副总裁斯瓦米·西瓦苏布拉曼尼（Swami Sivasubramanian）透露，Hugging Face 计划在 AWS 上构建其语言模型的下一个版本 BLOOM。该开源 AI 模型将与 OpenAI 用于研发 ChatGPT 的大型语言模型在规模和范围上竞争，将在 AWS 自研的 AI 训练芯片 Trainium 上运行。

二、中国：竞争格局当前处在春秋时代

自从 ChatGPT 火遍全球之后，国内科技巨头宣布入局，还有许多互联网大咖如李开复、王小川等纷纷加入大模型创业的大潮。一时间，百度的文心一言大模型、阿里巴巴的"通义千问"大模型、三六零的 360 智脑 – 视觉大模型、科大讯飞的讯飞星火认知大模型、京东的言犀产业大模型、华为的盘古大模型、昆仑万维旗下的天工大模型等纷纷进入大众的视野。下文我们从中选择 10 家公司的大模型进行详细解读。

（一）百度

2019 年 3 月，百度发布了预训练大模型 ERNIE1.0，百度构建了涵盖自然语言处理、计算机视觉和跨模态等多个领域的大模型，并率先提出了行业大模型的概念。同时还打造了相应的工具平台，为大模型的应用提供了全流程的支持，并积极培育与大模型相关的任务系统和创新产品。2023 年 1 月 10 日，百度宣布将引入全新的"生成式搜索"，随后的 2023 年 2 月 7 日，百度宣布计划在 3 月份正式推出大型语言模型产品，并开放内测，这个产品被命名为文心一言。2023 年 3 月，百度正式发布了备受瞩目的

文心一言大模型。文心一言的发布标志着中国预训练多模态大模型迈出了重要的一步。

文心一言大模型通过开放的 API 接口可以为金融、汽车、互联网等多个行业提供智能生成内容的服务。文心一言的底层基于百度旗下的飞桨 PaddlePaddle 和文心知识增强大模型。飞桨以百度的深度学习为基础,现已广泛应用于金融、工业、农业、服务业等多个行业,拥有大量的开发者和模型库,为文心一言的研发提供了技术支持和积累。

(二)腾讯

腾讯于 2022 年 4 月首次向公众展示了其"混元"AI 大模型。该模型在跨模态检索领域成效显著,在 CLUE 自然语言理解分类榜和总榜上名列榜首,在国际权威榜单 VCR 的多模态理解领域也位居榜首。为了满足实际应用需求,腾讯在 2022 年 12 月推出了国内首个低成本、可实际应用的万亿级自然语言处理大模型。腾讯的混元 AI 大模型已广泛应用于微信搜索、腾讯广告等业务场景,大大提升了搜索体验和广告推荐的准确性。未来,混元 AI 大模型将为更多业务场景提供支持,准确洞察用户需求,更好地为用户服务。同时,腾讯成立了名为"混元助手"(Hunyuan Aide)的项目组,专注于类 ChatGPT 产品的开发。该项目组将整合腾讯内部多个团队,采用稳定性能的强化学习算法进行训练,致力于打造完善的腾讯智能助手工具，进一步提升其智能助手的能力。

（三）华为

盘古大模型是华为在人工智能领域取得的重要成果。2023 年 4 月 8 日，华为云人工智能领域首席科学家田奇介绍了盘古大模型的最新进展及其应用。盘古 NLP 大模型是中文预训练大模型中首个拥有千亿参数的模型，为了训练这个大模型，华为团队耗费了大量文本数据，总计达到 40TB，这些数据涵盖了丰富的通用知识和行业经验，为模型提供了强大的学习基础。除了自然语言处理领域，华为还在 CV 大模型方面取得了突破性进展。盘古 CV 大模型是首个能够按需抽取的大型计算机视觉模型，可以根据不同场景的需求灵活调整模型的范围，适应小型和复杂大型场景的应用需求。此外，华为还引入了基于样本相似度的对比学习方法，在 ImageNet 上展示出业界领先的小样本学习能力。华为的盘古大模型在零售、能源、医疗、环境、金融、工业等 100 多个行业场景中进行了应用，具有降低成本、提升效率等多重优势。

（四）阿里

2021 年，阿里巴巴达摩院积极推动多模态及自然语言大模型的研发，在超大模型、低碳训练技术、平台化服务以及应用落地等领域取得了显著成果，实现了重大突破。2022 年 9 月，阿里发布了一项重要的研究成果——通义大模型，以此构建了国内首个人工智能统一底座，并建立了一个层次化的人工智能体系，实现了大小模型的协同工作。基于统一底座的基础构架，阿里还构建了包含通用模型和专业模型的大模型层次体系。2023年4月7日，阿里云发布了通义千问人工智能服务，以大型语言模型为基础，采用了类似于ChatGPT的机器学习模型进行训练，可以回答复杂问题、生成详细的文章，甚至完成编程等任务，提供生产力助手和创意生成器的功能，为用户提供了强大的人工智能支持，极大地提升了创作和生产效率。阿里巴巴CEO张勇认为，在智能化时代所有企业都在同一条起跑线上，阿里巴巴将"让算力更普惠，让AI更普及"作为企业核心目标，未来企业将对其所有产品进行全面升级，接入通义千问大模型，这些产品涵盖了办公、购物、语音助手等方面。钉钉和天猫精灵已经成功接入通义千问。

（五）三六零

三六零集团通过"两翼齐飞"的大模型发展战略，已经拥有"双千亿"的认知智能通用大模型。2023年6月，中国信息通信研究院发布了对360智脑的360 GPT-S2-V8型号产品的评估报告，确认其在"可信AIGC大语言模型基础能力"评估中全部通过必选项目的考核。这一评估结果标志着360智脑成为国内第一个通过中国信通院权威评估的大模型产品。在2023年5月中文通用大模型基准（SuperCLUE）的评测中，360智脑展现出多项出色能力，位列国内大模型的第一名。此外，三六零与智谱AI达成了一项战略合作，双方共同致力于开拓中国的大型模型技术领域，形成了一个类似于"微软＋OpenAI"的组合，合作研发千亿级规模参数的大型模型"360GLM"。

（六）科大讯飞

2023年5月，科大讯飞发布了星火认知大模型，该模型具有教育、办公、汽车、数字员工四大行业应用，能够同时为医疗、城市、政法、工业等更多行业赋能。科大讯飞开放平台目前开放了560项AI能力，有超过500万个生态合作伙伴。随着大模型通过平台化和各个行业触达，平台大模型作为超级入口，未来有望重构To B到To C等生态，形成一套新的生态体系。据中国科技网的报道，科大讯飞董事长刘庆峰在第七届世界智能大会上表示，通用人工智能不仅带来了内容的生产和分发方式的全新变化，人机交互的根本性变革，也会给科研、办公、工业、互联网带来全新的机遇。刘庆峰还在会上表示，预计传统的靠堆时长和人力的商业模式，在未来两三年之内将被彻底改变。

（七）商汤科技

2023年4月10日，商汤科技正式发布"日日新Nova"大模型体系，该模型提供了丰富多样的功能和能力，包括内容生成、自然语言处理、自动化数据标注、自定义模型训练等。针对政企客户不同行业和领域的需求，"日日新 SenseNova"对外提供灵活多样的 API 接口供客户调用，实现各类 AI 应用。不仅如此，使用"日日新 SenseNova"的优势还在于其低门槛、低成本和高效率的特点，使得客户能够更轻松地应用这些先进的 AI 技术。其中语言大模型"商量 SenseChat"，具备 1 800 亿庞大规模参数，在设计时充分考虑了中文语境，以便能更好地理解和处理中文文本。与此同时，"商量 SenseChat"还具备知识的自动及时更新功能。此外，商汤科技还研发了一种自动驾驶多模态模型，实现感知和决策的一体化。

（八）智谱华章

智谱华章起源于清华大学的知识工程研究室，推出千亿参数级别的大模型 GLM-130B，是智谱 AI 与学术界、产业界合作开发的成果。GLM-130B 模型具备强大的中英文语言处理能力，并在多个公开评测集上性能优于 GPT-3。GLM-130B 模型不仅支持如英伟达、海光 DCU、华为昇腾、神威超算多种芯片平台，还能够快速进行推理处理，这使得该模型在各种计算环境下都能够高效运行。智谱 AI 与清华大学和华为合作发布了一个名为 CodeGeeX 的代码生成模型，能根据几行简单的注释就可以实现代码自动生成，同时具备不同编程语言之间的自动转换的能力，让开发者获得便捷的使用体验。

（九）北京智源研究院

据智源研究院官网介绍，2018 年，北京智源人工智能研究院成立，该院汇集国际顶尖人工智能学者，聚焦核心技术与原始创新，旨在推动人工智能领域发展政策、学术思想、理论基础、顶尖人才与产业生态的五大源头创新。2021 年 3 月，智源研究院的大模型悟道 1.0 发布。2021 年 6 月，迭代版本悟道 2.0 发布，模型的参数规模达到了 1.75 万亿。当前，智源研究院已推出了悟道 3.0 版本，该版本包含了语言、视觉和多模态等领域的基础大模型，进一步加强了该院在语言、视觉和多模态等领域的技术实力。这些模型目前已全面开源，在这些模型中，悟道·天鹰（Aquila）是一款重要的语言大模型，具备中英双语知识、支持商用许可协议、符合国内数据合规需求。悟道·天鹰通过整合丰富的中英文知识，为用户提供了强大的语言处理能力。

（十）昆仑万维

2023 年 4 月 17 日，昆仑万维宣布发布了一款名为"天工"的大语言模型，并开启邀请进行测试，这标志着在大语言模型领域的重要突破。"天工"是一款双千亿级大语言模型，与 ChatGPT 具有相当的规模，由昆仑万维与奇点智源 AI 团队联合研发，是昆仑万维继 AI 绘画产品"天工巧绘"之后，新推出的一款生成式 AI 产品。2022 年 12 月，昆仑万维公司发布了一系列名为 AIGC 的算法与模型，这些模型涵盖了文本、音乐、图像、编程等多个领域，并展现了强大的 AI 内容生成能力。相比而言，"天工"的大语言模型具备更出色的性能，能够支持超过 1 万字的文本对话和 20 轮次以上的用户交互。

三、其他国家的大模型发展格局

（一）韩国：HyperCLOVA

HyperCLOVA 是韩国最大的搜索公司 Naver（Line）开发的一款大模型。该模型基于自然语言处理和语音识别技术，HyperCLOVA 拥有 2 040 亿个参数，且其中 97% 使用的是韩文语料，可以提供语音交互、语音搜索、语音翻译等功能。HyperCLOVA 被设计为多平台应用，可在智能手机、智能音箱和其他设备上使用，具有较高的语音识别准确性和对多种语言的支持。用户可以与 HyperCLOVA 对话，获取实时信息、提出问题、控制智能家居设备等。该技术的目标是为用户提供更智能、更便捷的语音交互体验。

（二）英国：Gopher

Gopher 是 DeepMind 公司推出的一款超大型语言模型，具备广泛的应用能力，包括阅读理解、事实核查、有害语言识别等。作为一种先进的人工智能技术，Gopher 可以通过大规模的训练和学习，从海量的数据中获取知识和信息，并应用于各种语言相关的任务中。其功能使得它在自然语言处理和语义理解领域具有重要的应用潜力，能够为人们提供更准确、高效的语言处理和理解服务。

（三）俄罗斯：YaLM

开源中国信息显示，2022 年，俄罗斯的搜索巨头扬得克斯（Yandex）通过 GitHub 发布了一款名为 YaLM 100B 的大模型。这是一个类似于 GPT 的神经网络模型，利用了 1 000 亿个参数用于生成和处理文本。Yandex 花费了 65 天的时间，使用 800 个 A100 显卡和 1.7TB 的在线文本、书籍和其他资源进行模型的训练。YaLM 的高级开发人员 Mikhail Khrushchev 在 Medium 平台上写了一篇博客文章，详细介绍了训练该模型的经验，包括加速训练过程和处理分歧的技术细节。

（四）以色列：Jurassic-1 Jumbo

DeepTech 深科技信息，以色列公司 AI21 Labs 开发了 款名为 Jurassic-1 Jumbo 的模型，其参数达到了类似 GPT–3 的 1 750 亿的规模。AI21 Labs 一直在发展与 Jurassic-1 Jumbo 相关的一系列产品，其中就包括 AI21 Studio 的平台，该平台允许客户创建虚拟助手、聊天机器人、内容审核工具等各种应用。

四、未来局面：将由一家或少数几家垄断

通用大模型的背后，是算力、算法、数据三者的同频共振，需要大量的资金、人力投入和数据的积累。只有同时兼具三者条件的企业才具备在通用人工智能大模型"角逐"中胜出的条件。全球范围内，只有少数几个科技巨头有能力和资源在 AI 大模型"军备竞赛"中胜出。从数据端来看，互联网企业和 To C 端的数据是最多的，虽然政府及金融领域掌握的数据很多，但是这些领域属于非公开数据。互联网端或者一些 C 端属性且具有大量数据积累的企业，在大模型角逐中更加有数据资源优势，例如科大讯飞的语音识别在多维场景积累了丰富的语料资源。从算法复杂度和高训练成本来看，需要大量资本和人才的投入，大模型的胜出需要整合人、财、物多方面的要素，特别是需要公有云厂商的支持，往往是科技巨头掌握 AI 大模型技术。美国市场 OpenAI 技术水平处于行业领先，但是初期也通过和微软的联合，来获取资源和产品推广的背书。这是一个生态的时代，大模型是一个需要合纵连横的系统工程。因此，从未来生态走向来看，分两种情况。

第一种情况，在通用智能计算领域，大模型将会形成走向集

中，形成少数几家寡头垄断的局面。这是大模型的技术、场景、数据等内在联系的逻辑和要素所决定的。通用大模型的集中是数字经济规律的必然，在数字经济中，产品和服务通常具有高固定成本和低边际成本的特点，甚至有些产品的边际成本趋近于零。这是由于数字产品和服务的开发和生产过程中存在高额的固定投入，而每次复制或使用的成本相对较低。这种经济规律确实有可能导致垄断或高度集中的市场结构。通用大模型很明显符合上述特征。在行业的初期，各路资本和企业纷纷涌入做大模型，希望在这个大赛当中能够脱颖而出。行业初期竞争格局分化还不是很明显，但一旦大模型技术出现突破，模型的准确度、智能度出现明显优势，行业需求会迅速向行业第一集中，从而形成一家或者少数几家寡头垄断的局面。大模型作为一种服务对外开放使用。未来无论中外，大模型只要不需要私有化部署、不涉及敏感数据，可以直接连接提供模型服务的大厂使用。这将会比互联网时代的龙头资源垄断效应会更加明显，必将是赢者通吃，其他公司很难构建起真正的大模型护城河，大模型的规模效应将显现，单位边际成本降低，将带动大模型实现普惠化。

第二种情况，在专用智能计算领域，数据的隐私性和非公开特征将催生一批专门负责精调垂直行业大模型的企业，并推动各行业大模型方案的落地。与通用模型相比，垂直行业专用计算领域的需求无法与大型厂商的通用模型进行简单地交换，专用智能计算领域对数据隐私和保密性的要求较高。由于行业数据可能包含商业机密或个人隐私等敏感信息，因此在应用大模型时需要采取一系列的隐私保护措施，这包括数据加密、安全传输、权限控制等，以确保数据在使用过程中的安全性和隐私保护。大模型的优化和定制对于不同行业的应用具有重要意义。例如，在医疗领域，可以通过精细调整模型，使其在疾病诊断、药物研发和医疗影像分析等方面发挥更好的作用；而在金融领域，可以将大模型用于风险评估、投资策略优化和欺诈检测等场景。这种专业化的定制能够更好地满足不同行业的需求，提高模型的准确性和可靠性。专用智能计算领域的客户也更加需要与供应商进行深入合作，共同开发和优化解决方案。这种紧密的合作模式有助于理解和满足客户的具体需求，并将大模型应用于特定行业中，实现更好的性能和效果。因此，开源的大模型框架，如海外的"羊驼家族"和国内的飞智（FlagOpen）大模型等技术体系将有充分发挥其作用的空间。这些开源的大模型框架可以通过"蒸馏"的方式，根据各行业的特点进行细致优化，进而衍生出各种针对具体行业和方案的小型模型。这些小型模型可以针对不同行业和具体需求进行封装，以满足政府和企业等专用智能计算领域客户的需求。

第三节　全球通用人工智能的产业
环节比较

一、算法比较

当前，中美两国在全球预训练大模型的发展中处于领先地位。目前，全球范围内涌现出了许多大模型，如 BERT、GPT-4 等，这些模型不仅在学术界引起了轰动，也广泛应用于商业领域。在中国，百度推出的文心一言大模型、华为推出的盘古大模型、三六零推出的 360 智脑等预训练大模型项目也取得了一定的成果。OpenBMB 开源社区的统计数据显示，千亿以上参数大模型中由美国贡献一半，中国贡献三分之一，剩下的则由其他国家和组织贡献。中美两国在预训练大模型的发展中处于领先地位，这也反映了两国在人工智能领域的技术实力和创新能力。根据中国科学技术信息研究所所长赵志耘在 2023 年中关村论坛平行论坛上的演讲介绍，中美两国的企业和机构处于主导地位，从全球已发布的大模型分布来看，中国和美国遥遥领先领先，超过全球总数的 80%，美国在大模型数量方面排名始终居全球第一。

中国大模型加速追赶，目前与美国保持同步增长态势。从2018年开始，许多美国科技企业相继发布了多个具有创新性和影响力的 AI 大模型，包括谷歌的 BERT、OpenAI 的 GPT 系列、微软的 Turing-NLG、英伟达的 Megatron-LM 等。作为全球人工智能领域的领导者，美国的技术实力、人才优势、算力投入、数据库质量等都处于领先地位。从模型的参数规模上看，美国大模型领先于世界其他国家。美国的高科技公司从2018年开始就进行大模型的"军备"竞赛，不断刷新参数规模和应用场景纪录，以谷歌、"微软 + OpenAI"的竞争最为明显。中国的大模型从2020年开始进入加速期，比美国的整体进度落后2年至3年。根据《中国人工智能人模型地图研究报告》数据，从2020年初至2023年5月，中国共推出了79个大型语言模型；2020年中国发布了2个大型语言模型，同期美国发布了11个；2021年中国推出了30个大模型，与美国的数量持平；2022年，中国开发了28个大模型，美国这一时期数量为37个。在 OpenAI 发布 ChatGPT 之后，国内企业和机构，例如百度、阿里、三六零、科大讯飞、商汤科技、昆仑万维等都纷纷发布了各自版本的大模型。2023年初至同年5月截止，中国发布了19个大模型，美国发布了18个，与美国保持同步增长态势，形成了紧跟世界前沿的大模型技术群。中国在自然语言处理、机器视觉和多模态等方面，保持同步跟进，盘古、悟道、文心一言、通义千问、星火认知等一批具有行业影响力的大模型纷纷涌现，形成了紧跟世界前沿的大模型技术群。特斯拉 CEO 马斯克估计，中美之间在大模型上目前只有 12 个月的差距。

与美国相比，国内大模型在原创性方面有待提升。美国谷歌、OpenAI 等机构不断引领大模型技术前沿。美国在 AI 大模型方面具备先发优势和创新基因，在新技术和新理论等原创方面处于全球领先地位。OpenAI、谷歌、Meta 等公司都推出了各自的大模型产品，如 GPT-4、PaLM 2、LLaMA 等，这些大模型新算法的突破，在闭源或开源大模型方面引领全球风向。国内最近两年也陆续推出了很多大模型，例如百度的文心一言大模型、阿里达摩院的多模态 M6 大模型、华为与鹏城实验室合作开发的盘古大模型、北京智源人工智能研究院研发的悟道 2.0 大模型，这些大模型本质上还是在谷歌、OpenAI 等美国企业探索发现的技术方向上追赶实现的，在原创性、创新性方面有待提升，中国应该实现更多自主创新，不能过度依赖海外的开源模型，通过创新驱动形成 IP 和技术竞争优势。

二、算力比较

中美两国在硬件设施方面存在一定差距。美国拥有全球领先的半导体产业，特别是英伟达、英特尔、AMD 等公司在 CPU 和

GPU 芯片领域具有很高的技术实力。此外，美国还拥有一些顶级的超级计算机，如 Summit、Sierra 等，这些计算机在处理大规模数据和复杂计算任务方面表现出色。中国近年来也在加强硬件设施建设，尤其在 CPU 和 GPU 领域取得了显著进展，例如，华为推出的麒麟系列芯片在性能上逐渐逼近甚至超越了美国竞争对手，阿里巴巴旗下的平头哥、百度推出的昆仑等芯片在特定领域具有世界领先水平。同时，中国政府投资兴建了一批超级计算机，如神威·太湖之光、天河二号等，这些超级计算机在特定领域具有世界领先水平。但即使如此，中国与美国之间的算力依然存在不小差距。目前，美国英伟达公司在 AI 芯片市场占据主导地位，其 GPU 芯片广泛应用于数据中心、自动驾驶等领域。而中国的 AI 芯片制造商虽然在逐步崛起，但市场份额仍然相对较小，芯片的水平和英伟达的 A100 和 H100、A800 以及最新的 GH200 芯片相比存在差距。

目前，国产 AI 算力芯片有以下三个需要重点解决的问题。

一是工艺制程差距和"卡脖子"问题。目前中国 AI 芯片先进工艺大多集中在 7nm，而国际大厂到了 4nm。而且面临"卡脖子"等问题，华为等公司的芯片生产受到美国禁令影响，而中国先进制程技术突破还需要时日。

二是国产芯片厂商算力生态需要逐步建立。美国英伟达公司，通过 CUDA 生态布局，具有多年积淀的先发优势和积累，英伟达

GPU 通过 CUDA 成熟的生态体系，形成各行业应用的开发、优化和部署强大的方案和支持。国产 AI 芯片需要突破 CUDA 生态和整个产业生态的壁垒，逐步建立起自己的生态体系。

三是市场地位和市场份额有待提升。美国英伟达为高算力芯片龙头，在 AI 芯片市场地位领先。英伟达、AMD、英特尔三家在全球 GPU 领域市场份额加起来，处于垄断地位。中国的海光信息、景嘉微等公司市场份额相比国际大厂还很低，而随着国产替代和研发追赶，国内厂商市场地位和市场份额有待提升。

三、数据比较

中国有庞大的市场和数据资源，预计 2026 年数据量将位居全球第一。中国当前的训练数据主要来自互联网和社交媒体等渠道，这些数据具有多样性和实时性，能够满足许多应用场景的需求，这些数据包括了各种不同的类型，例如文本、图像、语音等，可以成为人工智能的训练提供"燃料"。人脸识别、语音识别、自然语言处理等领域的人工智能都能够利用大量的互联网数据进行训练。此外，中国政府也在积极推动数字经济和数据产业的发展，这也将为人工智能训练提供更多的数据来源。根据赛迪顾问发布的《中国数据安全防护与治理市场研究报告（2023）》显示，2017 年至 2021 年，中国的数据量经历了令人瞩目的增长，从

2.3ZB（10万亿亿字节）增加到6.6ZB；预计到2026年，中国的数据量将达到23.5ZB，居全球首位，并且未来仍将保持爆发式增长势头。

中国和美国在训练数据方面存在一些差异。美国拥有的高质量数据比较多，GPT-3模型训练的数据来源包括期刊、书籍、维基百科、Reddit链接、Common Crawl和其他多方面的数据集。其中，75%是英文，3%是中文，还有一些西班牙文、法文、德文等语料集，而开源的中文高质量的数据比较少；中文训练所用的数据来源比较复杂，其中存在大量的低质量、重复或者不适合训练的数据，从而影响了模型的性能。中文语言的表达方式比较复杂，同一个词语可能会有多种不同的含义和语境，因此对数据的标注需要进行精细的处理。但是，由于标注人员的水平参差不齐，标注过程中容易出现错误，导致数据质量需要进一步提高。

美国在人工智能领域拥有多个重要的数据集，常用的预训练数据集有以下几种。

一是ImageNet：ImageNet是一个被广泛使用的视觉识别数据集，包含超过一百万张图像和一千个不同类别的标签。这个数据集在图像分类、目标检测和图像分割等任务中被广泛用于训练和评估预训练模型。

二是COCO：COCO（全称为Common Objects in COntext）是一个广泛使用的图像理解数据集，包含超过33万张图像和80

个不同类别的目标。COCO 数据集主要用于图像标注、目标检测和图像分割等任务的训练和评估。

三是 OpenAI GPT-3：OpenAI GPT-3 是一个大规模的语言模型，使用了广泛的英文文本数据进行预训练。该模型在生成式文本任务中取得了显著的成果，并且在多个数据集上进行了评估和测试。

四是 SQuAD：SQuAD（全称为 Stanford Question Answering Dataset）是一个由斯坦福大学创建的问答数据集，包含真实问题和相应的回答。该数据集主要用于机器阅读理解和问答任务的训练和评估。

五是 LFW：LFW（Labeled Faces in the Wild）是一个用于人脸识别的数据集，包含超过 1 万张人脸图像。该数据集广泛用于人脸识别和人脸验证任务的训练和评估。

六是 MS COCO：MS COCO（全称为 Microsoft Common Objects in Context）是微软发布的一个广泛使用的图像理解数据集，包含超过 16 万张图像和 80 个不同类别的目标。MS COCO 数据集用于图像标注、目标检测和图像分割等任务的训练和评估。

中国常用的人工智能预训练数据集大致有以下四种。

一是 THUCNews：THUCNews 是由清华大学发布的一个中文新闻文本数据集，包含超过 7 万篇新闻文本样本。该数据集广泛用于中文文本分类和情感分析任务的训练和评估。

二是 CCF-BDCI：CCF-BDCI（中国计算机学会大数据竞赛）是中国计算机学会举办的一项大数据竞赛，提供了多个数据集用于解决不同的问题，如图像分类、目标检测、文本分类等。这些数据集被广泛用于预训练模型的训练和评估。

三是 LCQMC：LCQMC（中文语义相似度数据集）是由华中科技大学发布的一个中文文本相似度数据集，包含了大量的中文句子对，用于判断句子之间的语义相似度。该数据集主要用于中文语义相似度和文本匹配任务的训练和评估。

四是 THCHS-30：THCHS-30 是由清华大学发布的一个中文语音识别数据集，包含了 30 小时的中文语音数据和相应的文本转录。该数据集用于中文语音识别任务的训练和评估。

四、应用比较

大模型应用方面，美国商业化开始加速，中国积极跟进，未来在应用端的市场潜力巨大。美国拥有庞大的科技产业和市场，可以为通用人工智能提供广泛的应用场景和商业机会。而中国作为世界上最大的人口国家和第二大经济体，对通用人工智能技术需求巨大，涉及如搜索引擎、电商、金融、教育、医疗、游戏等在内的诸多行业和领域，具有海量的应用场景及巨大的商业价值和市场潜力。

在美国市场，大模型应用的商业化表现出了明显的加速趋势。以 OpenAI 为例，该公司通过向企业提供 API 接口的方式，将大模型能力商业化，为企业提供语言处理、对话系统等领域的解决方案，根据数据的请求量和实际的计算量来进行收费。此外，微软等公司也将 GPT 系列模型的能力集成到其产品中，提供更强大的功能和服务。这些商业化进程加速了大模型应用的落地和推广，为用户提供了更好的体验和应用场景。

在中国市场，目前大部分大模型还处在免费试用阶段。许多大模型应用的提供商，包括科技公司、研究机构和创业企业，通过向用户提供免费试用来推广和展示其产品的功能和性能。这种模式旨在打造用户黏性，吸引更多用户尝试并逐渐形成用户群体。通过用户的使用和反馈，大模型应用的提供商可以了解用户需求，改进算法和性能，为后续商业化做好准备。这种免费试用模式主要集中在面向消费者（C 端）的场景中。例如，语音助手、智能翻译、智能写作辅助等应用都提供免费试用的服务，以提高用户对产品的体验和接受度。此外，一些教育类应用也采取免费试用模式，通过帮助学生提高学习效果和效率来吸引用户。在企业市场 B 端，一些头部的企业例如阿里等已经开始向金融、物流等领域积极探索。未来，随着大模型应用技术的成熟和市场需求的不断增长，预计中国市场的大模型应用商业化进程将逐渐加速。各大模型应用供应商将通过与企业的合作、增值服务和定制化解决方案来实现商业化，并为用户提供更广泛、更个性化的应用场景。同时，随着用户对大模型应用的认可和需求的增加，商业化模式也将更加多样化和灵活，进一步推动中国市场中大模型应用的发展。

第四节　通用人工智能对中国的机遇和意义

《孙子兵法》有云："一曰度，二曰量，三曰数，四曰称，五曰胜。地生度，度生量，量生数，数生称，称生胜。故胜兵若以镒称铢，败兵若以铢称镒。胜者之战民也，若决积水于千仞之溪者，形也。"同样道理，我们分析通用人工智能对于中国的意义，除了在第三节中介绍过的算法、算力、数据、应用方面的比较，也需要考虑中国市场、人才、环境、机制和政策等多方面的要素，从而判断通用人工智能够给中国带来的机遇，以及相应的对策。

一、中国市场、人才状况、产学研和政策环境

中国的大模型技术起步比美国晚，但是追赶速度快。中国庞大的应用市场为通用人工智能的发展奠定了核心基础条件，据信通院的数据测算，2022 年，国内人工智能核心产业规模达 5 080 亿元，同比增速 18%，企业数量接近 4 000 家，国内人工智能已形成完整的产业体系，成为新的增长引擎。到 2030 年，国内人工智能产业规模将达到 1 万亿元。

在人工智能论文方面，根据科学网的信息，由美国斯坦福大学发起联合编制的"2023人工智能指数（AI Index）报告"显示，2021年全球AI期刊论文的发表数量中，中国占比为39.8%位居第一，"欧盟和英国"占比15.1%，美国占比10.0%。同时，中国AI期刊论文被引频次占比逐步上升，但引用量相较于美国来说还比较低。美国顶会论文引用占比为23.9%，中国为22.02%。

中国有人工智能人才优势和一整套AI人才培养体系，人才优势也将为中国成为人工智能大国奠定基础。中国劳动和社会保障科学研究院发布的《中国人工智能人才发展报告（2022）》指出，中国人工智能人才存量数约为94.88万人，其中本科占68.2%，硕士占9.3%，博士仅占0.1%。教育部发布的《研究生教育学科专业目录（2022年）》指出，通用人工智能将是未来10至20年国际人工智能研究的前沿和争夺焦点，并提出了一套以培养面向世界前沿科技的人工智能复合型顶尖人才为核心的人才培养体系，即"通识、通智、通用"人才培养框架。尽管全球顶级的AI人才在美国，但中国的AI工程师、AI科学家数量众多，且许多年轻AI科学家成长较快。同时《中国人工智能大模型地图研究报告》显示，大模型研发人才在北京、江苏、广东、上海分布较多。

不过，国内在以大模型为主的产学研联动方面还有很多不足，有待优化改进。根据我们对学界和产业界的调研发现，高校和科研院所在大模型等通用人工智能技术的研究中，存在着算力和训练数据不足等方面的痛点。大模型训练的算力投入巨大，单靠某一所高校或科研院所难以承担，此外国内高质量的数据集不足，这些数据集构架需要大量的人力来完成，虽然构建高质量的数据集很有意义，但这些工作无法帮助教师和学生发表论文，教师和学生如果在这个上面花费过多的时间，则存在发表论文方面的压力。而企业方面，一方面需要大量的研究人才，另一方面虽然掌握大量资金可以用于投入，但同时要承受投入之后可能没有回报的风险。因此，如何把企业和大学各自的需求与人才培养有效结合起来形成协同配合，是产学研联动需要解决的一个重要问题。通用人工智能时代，产学研越来越融合在同一个过程中，以ChatGPT 为例，新产品和技术突破的同时，学术论文也同步发表。在这种背景下，中国需要从国情出发，梳理清楚企业、政府和学界各自的目标，有效整合资源、建立协同机制，大力从海外引进人才，解决目前大模型研发中存在的研究力量分散、资金重复投入缺乏整合、重要的单点资金投入不足、核心领军人才和团队缺乏等结构性问题。

政策方面，中国重视通用人工智能，积极营造创新生态。2023年 4 月 28 日，中共中央政治局会议提出，要重视通用人工智能发展，营造创新生态，重视防范风险。国家发改委主任郑栅洁发文表示，"把握数字化、网络化、智能化方向，大力推进数字产业化和产业数字化，重视通用人工智能发展"。从 2023 年 5 月开始，北京、上海、深圳、成都等多地支持通用人工智能发展的具体政策纷纷出台。2023年5月30日，北京发布《北京市加快建设具有全球影响力的人工智能创新策源地实施方案（2023—2025年）》和《北京市促进通用人工智能创新发展的若干措施》两项新政策。2023年5月31日，上海市发改委印发的《上海市加大力度支持民间投资发展若干政策措施》。深圳市正式出台《深圳市加快推动人工智能高质量发展高水平应用行动方案（2023—2024年）》。2023年6月2日，成都市经济和信息化局发布《成都市关于进一步促进人工智能产业高质量发展的若干政策措施（征求意见稿）》。

二、通用人工智能对于中国的战略机遇和意义

从历史的维度来看，回顾此前的几轮科技变革，谁能抓住科技革命浪潮机会，谁就能够在全球竞争中脱颖而出。第一次科技革命发生在英国，那时中国还沉浸在"康乾盛世"的盲目中，错过了第一次科技革命。19世纪第二次科技革命爆发，人类从机械化进入电气化时代，中国在输掉鸦片战争之后，深感"三千年未有之一大变局"，向西方学习"坚船利炮"的制造技术，然而对基础技术和基础工业重视不够，对武器背后的科学认识滞后，科技不能自立，错过了第二次工业革命。20世纪，第三次科技革命兴起后，尽管中国起步晚，但快速跟进。进入互联网时代后，中国

庞大的用户群体和场景应用创新，带动中国信息产业快速崛起，尽管现阶段在芯片、操作系统这些底层技术方面与美国有差距，但应用端方面中国走在世界的前列，移动支付、微信等应用创新层出不穷，互联网、云计算席卷各行各业，数字经济快速发展。现今进入通用人工智能时代，面对新一轮智能新科技革命的历史性机遇，在人工智能的赛道上，中国和美国同处于引领世界的位置。和历史上的几轮科技革命相比，从第一次科技革命以来，我们从未有站在这样一个领先和主动的位置，引领世界科技革命的浪潮，这对中国而言是一个巨大的历史性的机遇。

从变革的维度看，通用人工智能技术的推广和应用将带来产业升级、消费升级、社会效益提升，开启经济、产业等变革新浪潮。和历史上每一次科技革命一样，通用人工智能技术将渗透至各行各业，同互联网一样成为整个社会的基础设施。在企业端，通用人工智能可以提高企业智能化水平和企业竞争力，创造新场景和新应用，带来新的商业模式，创造产业新形态。在个人消费端，大模型等各种通用人工智能技术的运用能够满足消费者智能化、个性化、定制化等服务的需求，提升服务体验，提高了家庭生活的便利性和舒适度，同时让服务降本增效，更好促进消费升级。在社会效益提升方面，通用人工智能技术的应用可以为医疗、教育、金融等行业提供更加智能化的公共服务，让整个社会所有成员都能够更好地分享发展成果，抓好这个机遇，有利于在 AI

2.0 时代实现跨越发展，给整个社会带来更多福祉。

从国际竞争和国家安全的角度来看，人工智能是中美两国竞争的焦点，超大规模的预训练模型作为一种重要的战略资源，具有重要卡位作用。以大模型为基础的通用人工智能基础，不仅涉及社会的经济和生活，还关系着国家安全。PC 时代的 wintel 联盟（微软 – 英特尔联盟）的建立、生态体系的建设，奠定了微软在操作系统的霸主地位，至今在国内信创体系内，国产操作系统发展最大的难点之一仍是生态建设。而芯片领域被"卡脖子"，核心技术受制于人，至今仍然是我们要攻克的难关。通用人工智能时代，通用大模型以及大模型背后对应的生态体系，其垄断性和涉及的影响面将比操作系统还要广、还要复杂，一旦面临"卡脖子"问题，将对国家安全和经济社会安全都产生极大的影响。而在今天，中国与美国的大模型尽管有技术层面的差距，但是以大模型为基础的通用人工智能才刚开始起步，大模型底层核心技术可控追赶，具有不可忽视的战略意义。中国从政府的重视到企业、学界的协同，人才培养和机制建设多管齐下，加之中国庞大的市场和多数国家无法比拟的各个领域垂直的数据资源，中国大模型的底层技术有望赶上，进而有望在应用层面赶上并实现超越。

第六章

通用人工智能的未来发展思考

人工智能时代充满了机遇和责任。

——比尔·盖茨　微软联合创始人

第一节 从新技术未来视角展望
通用人工智能

一、类脑科技的发展带来新的驱动

神经网络本质上是一种类脑科学。类脑科技是以仿生学的原理和计算机科学的技术手段为基础，模拟人类大脑神经元及其连接方式，用于处理复杂的信息和进行智能决策的新兴科技领域。其目标是构建具有自主学习、自适应、智能推理等特征的类脑计算机系统，并应用于智能机器人、自然语言处理、虚拟现实等领域。类脑科技的发展对人工智能和科技进步具有重要的推动作用。

从第一个神经元模型建立开始，随着计算机算力、算法、数据的不断突破，仅仅70多年的时间，类脑科技已经在智能聊天机器人（ChatGPT等）、无人驾驶等领域取得成功的应用。

类脑科技能提高人工智能精度、突破传统计算机瓶颈和推动科学技术创新，从而推动经济发展。类脑科技还可以模拟人类脑部处理信息的方式，帮助人工智能模型更快地处理大量数据、更准确地做出决策，提高效率和精度。此外，传统计算机的处理能力受限于它们的物理架构，而类脑科技则可以通过模拟分布式处理方式，更好地利用计算资源。类脑科技还能更好地模拟人类的学习和适应能力，使得人工智能模型更容易适应新环境和应对各种挑战。通过深入研究人类脑部的运作和模拟脑部生理构造，类脑科技将有望为科学研究和技术创新提供新的突破点。在未来，类脑科技可以应用于各行各业，包括医疗、金融、交通、能源等领域，推动产业创新和经济发展。

目前类脑科技处在快速发展阶段，近年来，随着人工智能技术的不断进步和计算能力的提高，类脑科技已经成为一个热门的领域。在类脑科技的发展过程中，人们尝试模拟人类大脑的结构和功能，以便更好地理解和模拟人类思维过程。通过使用类脑计算，研究人员已经在语音识别、图像识别、自然语言处理和机器翻译等领域取得了显著的进展。此外，类脑科技还在机器人技术、医疗保健、金融和国防等领域得到了广泛的应用。

类脑科技需要使用大量的训练数据和训练模型，并需要巨大的算力支持，而现有的计算资源无法满足这些需求。类脑科技需要通过神经元模拟来实现类脑计算，但目前的模拟方法限制了模型的规模和精度。此外，尽管类脑科技模拟了人脑的某些方面，但我们对人脑的运作机制和神经元之间的相互作用还知之甚少。要突破这些瓶颈，我们可以尝试探索新的算法和模型：如零样本学习、元学习和迁移学习，以及更高效的神经元模拟方法等，还可以通过增加计算资源，运用分布式计算来加速对模型的训练和推理。或者，我们还可以进一步研究人脑的神经科学，深入研究人脑神经元之间的相互关系和信号传递机制，以及人脑的认知和学习过程，为类脑科技的发展提供更好的理论依据。

　　未来我们还需要对类脑科技助力，如建立更精细的模型、发掘新应用和建立更灵活的系统和丰富的智能体系，类脑科技的发展也将进一步推动 AI 走向通用人工智能。这就好比长江和黄河，从青藏高原发源，随着江河奔流向前不断汇聚各条支流，最终形成长江和黄河，浩浩荡荡奔向大海。人工智能在类脑科技不同分支的汇聚、交融，新技术创新，不断迭代和应用，奔向通用人工智能的星辰大海。

　　未来，随着类脑计算的连接、结构、内部逻辑等方面不断完善，将建成更加精细和准确的类脑模型。此外，通过基于类脑计算的理论和技术，开发更加智能、高效、稳定的新型应用。例如在语音识别、计算机视觉、自然语言处理、数据挖掘等领域的广泛应用。通过在类脑计算模型中引入可塑性和自适应性等特点，建立更加灵活的类脑系统。同时，类脑系统也将在不断学习中逐渐发现并适应外部世界的新变化和需求，从而获得更加广泛的应用。在基于类脑计算的基础上，还需要进一步引入并模拟人类思维、行为等多方面特征，建立更加丰富的智能体系，这将有助于更加人性化、智能化的机器人，并在人机交互等方面提供支持，从而为通用人工智能的发展进一步汇聚新的源流和力量。

二、量子计算有望助力 AGI 技术突破

量子计算的算法依据基于量子力学原理，利用量子比特（qubit）的叠加态和纠缠态来处理信息以实现计算。量子计算相比经典计算的优势包括：第一，并行计算能力：量子算法可以在一个时刻处理多个计算，因为 qubit 可以处于叠加态，表示多个状态。第二，搜索优势：量子算法在搜索和优化问题上表现出优异的速度，如 Grover 算法和量子模拟算法。第三，免疫对称性：量子算法具有对称性，使得它们对特定类型的错误和噪声更加免疫，从而更具稳定性。第四，更高的计算精度和精度可控性：量子计算机在特定任务中能产生更精确的结果，并能控制计算的精确度。第五，突破经典计算难题：量子计算机可以有效地解决一些经典计算机无法解决的问题，如大量计算的因式分解和离散对数问题。

目前量子计算仍在探索阶段，尽管研究者发现部分算法可能比传统计算更优，但还未实现量子霸权。机器学习依赖于算力和训练数据，但经典计算机的算力增长已经放缓，数据获取也受到隐私和成本等问题的制约。目前产业界普遍认为，量子计算可助攻机器学习发展，有望开辟新的领域。量子计算机可被看作神经网络，而采用量子比特编码的数据集数量和多样性有望增加并更

好地训练模型，可能适用于决策、搜索、博弈、自然语言处理等人工智能算法，但仍需解决初始参数输入和准确测量等问题才能实现量子计算机的优势。

目前量子计算正在快速发展中，已经取得了一些重要的进展，但仍面临许多挑战。首先，基于超导量子比特的量子计算机已经能够实现与传统计算机相媲美的计算能力，如谷歌的 Sycamore 处理器已经成功实现了超过 50 个量子比特的计算，IBM 也已经实现了 32 个量子比特的计算，而 CERN 等科研机构也加入了量子计算研究的行列。此外，量子计算的算法也在不断发展，比如量子嗅探算法、量子机器学习算法等，这些算法有望在未来对科学研究、商业应用等领域产生深远的影响。但同时，量子计算面临的挑战也不容小觑，目前量子计算机的可靠性、误差率、噪声等问题仍然存在，需要继续优化和改进。此外，量子计算机的研究和制造成本也非常高，虽然各个国家和企业都在加大投入，但目前仍然难以实现量产。总体来看，虽然量子计算还处于发展的初期阶段，但随着技术的不断进步，这项技术将会成为未来科技发展的重要方向之一。

未来量子计算的应用将非常广泛，包括量子计算机、模拟、网络、人工智能、密码学和化学学科等方面，将会对人类社会的各个领域产生深远的影响。量子计算未来的应用领域可能包括以下几点。一是大规模量子计算机，目前量子计算机只能处理非常简单的问题，未来量子计算机将会不断扩大规模，实现更加复杂的计算。二是量子模拟，利用量子计算机进行模拟，可以更好地理解物质和生命等系统的行为和性质。三是量子网络，建立一个全球范围内的量子网络，可以实现高速的通信和更加安全的数据传输。四是量子人工智能，结合量子计算和人工智能算法，可以实现更加高效、更加精确的机器学习和数据挖掘。五是量子密码学，使用量子计算机来加密数据和通信，可以保证更高的安全性和隐私保护。六是量子化学，利用量子计算机模拟和研究化学反应和分子结构，可以加速材料和药物研发的过程。

量子计算将来对 AI 算力的突破体现在以下四方面。一是优化算法，量子计算可以在优化算法方面提供突破，这些算法在传统计算中需要数年来完成。这种能力使得 AI 算法在研究和实现方面更快速和更有效，特别是在大数据领域。二是数据存储，使用量子储存技术，可以更大化地利用现有的数据处理系统。数据存储器能够处理更多数据，减少信息丢失的可能性。这对人工智能的算法实现和调整来说都是非常重要的。三是模型建立，量子计算可以加速 AI 模型的构建，当模型的复杂性增加时，常规计算的速度会变得极慢，但是利用量子计算的特性，我们可以快速地解决这个问题。四是多任务处理，量子计算可以一次性处理多项任务或数据，从而加速 AI 的训练和推理过程，使得时间效率和能耗效率都得到优化。

从应用领域来看，量子算法有望助力通用人工智能技术实现新的突破。在语言模型中，量子算法可以用于加速词频统计、语义分析、语音识别等任务。例如，基于量子力学原理的搜索算法能够在大规模词汇库中更快地找到匹配项，从而提高搜索的准确性和效率。另外，量子算法在文本处理、语义表示和语言生成等方面也具有潜力，能够更好地处理自然语言的复杂性和多样性。此外，量子算法在机器翻译、情感分析、语义理解等自然语言处理任务中也可以发挥作用。通过利用量子计算的并行处理能力，可以更快速地对大规模语料库进行处理和分析，提高翻译和文本理解的质量和效率。量子算法还可以在语义关系的建模和推理中提供更准确和全面的结果。未来，在量子算法方面的新突破，还有待于科技研究者们新的发现和探索。

第二节　通用人工智能助力 Web3.0 及元宇宙

一、通用人工智能和 Web3.0 生态

通用人工智能在 Web3.0 生态建设中可以发挥重要作用。Web3.0 是一种去中心化的网络协议，为用户提供了更大的数据主权和安全性。通用人工智能技术具备理解和学习能力，可以处理复杂的任务并做出智能决策。通用人工智能为 Web3.0 带去了更强的智能化生态系统，而 Web3.0 则为通用人工智能提供了更广阔的应用场景和数据资源。在 Web3.0 生态系统中，通用人工智能可以应用于智能合约的执行、去中心化金融（DeFi）的风险管理、去中心化市场的推荐和搜索等方面。

通用人工智能与 Web3.0 的融合使得去中心化应用能够拥有更强大的智能能力和自动化功能，能够更好地理解和响应用户的需求，提供更优质的用户体验。通用人工智能够根据用户的个人偏好、行为和历史数据，为用户提供个性化的服务。在 Web3.0 生态系统中，用户可以拥有自己的去中心化身份和个人数据，这些数

据可以被通用人工智能用于个性化的服务提供。例如，在去中心化的电子商务平台上，通用人工智能可以分析用户的购物习惯和偏好，并为用户提供个性化的推荐和定制化的商品及服务，这种个性化的服务能够满足用户的独特需求，提升用户的满意度和体验。同时，用户可以利用去中心化的金融和投资平台进行交易和投资，通用人工智能可以提供智能化的风险评估、投资建议和交易策略，通过对市场数据和用户行为的分析，通用人工智能可以帮助用户识别潜在的投资机会和风险，辅助用户做出更明智的决策，为用户带来更好的投资回报和风险管理。此外，通过对大规模的去中心化数据进行分析和学习，通用人工智能还能够提供更准确的数据预测和模型训练，帮助用户做出更明智的决策。

通用人工智能可以加强 Web3.0 中智能合约的功能。智能合约是一种自动执行的合约，可以在没有中介方的情况下实现交易和协议的执行。通用人工智能通过其自动识别和数据分析能力可以为智能合约提供更强大的自动化执行能力，帮助智能合约更准确地识别和验证交易条件，并自动执行相应的操作。这样可以减少人为干预的风险和延迟，提高交易的效率和可靠性。通用人工智能还可以为智能合约提供智能决策能力，使其能够更好地适应复杂的业务逻辑和变化的环境。通过对大量数据的学习和分析，通用人工智能可以帮助智能合约做出更准确的决策和预测，根据实时数据和环境变化进行自我调整和优化，使智能合约更好地适应不同的市场需求和变化，提高其应对复杂场景的能力。例如在金融领域，通用人工智能技术可以根据市场数据和用户行为，为智能合约提供智能化的投资建议和风险评估；在供应链管理中，通用人工智能可以帮助智能合约根据实时物流数据做出最优的决策和调度，提高整体效率和可靠性。

通用人工智能在 Web3.0 建设中的安全和隐私保护领域具有重要作用。随着去中心化应用的兴起，社会对于数据安全和个人隐私的关注度也将越来越高。首先通用人工智能技术可以应用于身份验证、数据加密、异常检测等方面，为去中心化应用提供更强大的安全保障。通用人工智能技术还可以做到对用户的生物特征、行为模式等进行分析和识别，实现更准确的身份验证。这有助于防止身份盗用和未经授权的访问，增强去中心化应用的安全性。其次，通用人工智能可以用于数据加密和隐私保护。在 Web3.0 建设中，数据的隐私保护至关重要，通用人工智能可以应用于数据加密算法的设计和优化，保护用户数据的机密性和完整性。同时，通用人工智能还可以帮助识别如数据脱敏、访问控制等潜在的数据泄漏风险，并采取相应的措施保护用户数据的隐私。最后，通用人工智能可以应用于异常检测和威胁预警，通过对大量数据的分析和模式识别，通用人工智能可以发现异常行为和潜在的安全威胁，并及时采取相应的应对措施。例如，在去中心化交易平台中，通用人工智能可以监测交易数据和用户行为，识别可能的欺诈行为和恶意攻击，提供实时的威胁预警和安全防护。在用户隐私管理方面，通过智能合约和去中心化身份管理系统，通用人工智能可以实现数据所有权的控制和访问授权的管理，保护用户个人数据的隐私。

通用人工智能与 Web3.0 的结合为其提供更有效的风险管理和安全保障，也为用户创造更可靠的金融环境。随着 Web3.0 的发展，去中心化金融成为其中一个重要的应用场景。通用人工智能可以应用于去中心化金融中的风险识别和预测，金融交易和合约的复杂性增加了风险的存在，通用人工智能可以通过对大量数据的分析和学习，识别潜在的风险因素，并预测可能的风险事件。例如，一是通用人工智能可以分析用户的交易行为、市场数据、网络攻击等多个因素，从而提供实时的风险评估和预警，帮助用户做出更明智的决策。二是，通用人工智能可以应用于智能合约的审核和监控，识别潜在的漏洞和安全风险，并提供智能合约的改进建议，减少合约漏洞和潜在的恶意攻击，提高去中心化金融的安全性和可靠性。三是，通用人工智能还可以应用于用户身份验证、信用评估、反洗钱和合规监测，通过对用户的身份信息、交易历史、信用评级等多个维度进行分析和学习，实现更准确地身份验证和信用评估。此外通用人工智能可以做到分析用户的交易数据和行为模式，检测异常交易和潜在的洗钱行为，并提供合规监测和报告机制，减少金融犯罪的风险。

二、通用人工智能和元宇宙建设

元宇宙作为一个虚拟世界，让用户可以在其中进行互动、交流和创造。通用人工智能技术可用于生成和维护元宇宙中的数字内容，从而大大简化数字内容的创建和开发，以更低的成本和更高的效率向元宇宙中的用户提供更多、更丰富的数字内容。

通用人工智能技术为元宇宙提供多种核心基础设施技术支持。通用人工智能技术具备丰富的软件开发经验和技术专长，可以为元宇宙场景开发各种应用程序和工具，包括虚拟现实平台的开发、多人在线游戏的构建、社交网络的设计和交易系统的开发等，为元宇宙提供更智能、更个性化的用户体验。通用人工智能技术可以为元宇宙提供区块链技术支持，包括智能合约开发、数字资产管理和交易等。区块链是元宇宙的重要基础设施之一，用于保证虚拟资产的安全和交易的可追溯性，通用人工智能技术的应用可以提高区块链的性能和扩展性，加快交易确认速度并降低交易费用。通用人工智能技术还可以为元宇宙开发人工智能算法，用于优化用户体验、提高游戏难度和改进商业模型等。为了保证元宇宙的稳定性和流畅性，通用人工智能技术可以优化网络和服务器性能，确保用户可以顺畅地访问和使用元宇宙。为了防止数据失窃和网络攻击，通用人工智能技术可以为元宇宙提供各种安全保障措施，包括加密技术、身份验证和安全审计等。

通用人工智能技术可以利用人工智能和数据分析技术为元宇宙提供个性化服务内容。通用人工智能技术可以通过分析用户的历史行为和偏好，构建个性化推荐系统。这些推荐系统可以根据用户的喜好和需求，推荐适合他们的产品、服务和活动。通用人工智能可以不断优化推荐结果，提高个性化推荐的准确性和质量。在元宇宙中，用户可能遇到各种问题和需求，通用人工智能技术可以构建智能客服和问答系统，理解用户的问题，并给予相应的回答和解决方案，以提高用户满意度和体验。通用人工智能技术可以开发虚拟助理，与用户进行实时互动并提供个性化服务。这些虚拟助理可以根据用户的偏好和需求，为他们提供定制化的建议、指导和娱乐体验，并通过情感识别和自然语言生成技术，具备更加智能、亲近和人性化的特点。通用人工智能技术可以应用情感分析技术，识别用户在元宇宙中的情感和情绪状态，这些情感分析结果可以用于提供更具情感共鸣和个性化的服务内容。此外，通用人工智能技术还可以实现情感交互，使用户能够与虚拟角色进行情感互动和情感交流，进一步增强用户的参与感和满足感。

通用人工智能技术从优化界面、改进交互、提升社交体验等方面着手全面提升元宇宙用户体验，通过自身优势帮助改善元宇宙的用户界面设计，使其更加直观、友好和易于导航。通过机器学习和用户反馈数据的分析，通用人工智能可以根据用户的偏好和习惯自动调整和优化界面布局、颜色搭配及交互元素，以提供更符合用户期望的界面体验。在交互体验改进方面，利用通用人工智能技术，用户可以使用自然语言与元宇宙中的虚拟角色或其他用户进行智能化的交互。此外，通用人工智能还可以应用计算机视觉技术实现手势识别和面部表情分析，使用户通过更直观、身临其境的方式在元宇宙中进行互动。此外，通用人工智能可以通过语音识别和语音合成技术提供高质量的语音交流体验，使用户感受到更加真实和亲近的社交互动；支持元宇宙内的群聊和社群功能，使用户能够加入和创建不同主题和兴趣的社群，与志同道合的人进行交流和分享；为群聊和社群提供智能化的管理和组织功能，例如自动化的群聊记录、话题分类和成员管理，提升社群的活跃度和凝聚力。

通用人工智能技术能为元宇宙中用户的交互界面发挥重要作用。通用人工智能技术可以结合增强现实（AR）和虚拟现实（VR）技术，为用户提供更沉浸、真实的交互体验。通过结合计算机视觉和深度学习技术，通用人工智能可以实现对用户周围环境的感知和理解，与虚拟对象进行交互，并提供个性化的增强现实体验，提升用户的参与感和沉浸感。可以根据用户的偏好、行为和历史数据，通用人工智能可以做到分别为每个用户提供个性化的交互界面，通过分析用户的兴趣、喜好和需求，可以自动调整和优化界面布局、颜色搭配和交互元素，以提供更符合用户期望的界面体验。此外，可以应用虚拟人物和智能助手技术，为元宇宙用户提供更加亲近、具有个性的交互伙伴。通过虚拟人物和智能助手，用户可以通过对话、手势和面部表情等方式与系统进行交互，获取个性化的信息、建议和帮助，增强用户与系统之间的互动性和身临其境感。通过分析用户的语言、声音和表情等多模态数据，通用人工智能可以识别用户的情感状态，并相应地调整交互界面的反馈和回应。

第三节　通用人工智能对经济和社会的影响

一、通用人工智能对经济结构和形态的影响

智能经济是数字经济的重要组成部分之一。数字经济是指利用数字技术和互联网等信息通信技术，推动经济活动的数字化和在线化，包括电子商务、数字支付、在线服务、数据驱动决策等方面，数字经济飞速发展，在全球范围内已得到广泛发展和应用。而智能经济则是在数字经济基础上，通过人工智能技术的应用实现经济活动的智能化和自动化。人工智能作为一种关键技术，能够模拟和扩展人类智能，使机器能够感知、理解、学习和决策。在智能经济中，人工智能技术被广泛应用于各个领域，例如自动驾驶、智能助理、智能制造、智能金融等。智能经济的发展对于推动数字经济的进一步演进和创新起到了重要作用。通过人工智能技术的应用，企业能够更好地理解和利用海量数据，为用户提供个性化、定制化的产品和服务，提高效率和用户体验，提升企业的创新能力和竞争力，从而催生了新的商业模式和产业生态系统。

参考数字经济的划分方法，智能经济可以分为智能产业化和产业智能化。智能产业化是指与人工智能密切相关的算力、算法、数据等相关的硬件、软件和信息技术服务等，是人工智能技术和产业发展的基础。产业智能化是指将人工智能技术应用于各个具体行业领域，以提升生产效率、降低成本、改善产品质量和创新服务模式，促进传统产业实现数字化转型和智能化升级。产业智能化的升级，以产业数字化为基础，在产业数字化的基础上，通过引入人工智能技术使产业能够具备自主学习、智能决策和自动化执行的能力，将人工智能技术与产业中各个环节相结合，例如在智能制造、智能物流、智能交通、智能能源等领域，通过提高生产效率、质量控制和资源利用效率，从而完成产业的智能化升级。

通用人工智能技术的应用，将打破传统人工智能的局限，让智能经济产生质的变化，实现经济更深入、全面的智能化转型。传统人工智能往往局限于特定任务的处理，而通用人工智能则具备了处理多种任务和领域的能力，它能够处理多模态数据，如图像、语音和文本，并进行综合分析和决策。这种全面的能力使得智能经济可以更好地理解和应对复杂的现实问题，从而实现质的飞跃。传统的商业模式往往是基于特定领域的需求和规则设计的，而通用人工智能的引入为创造新的商业模式和产业生态系统提供了契机。例如，在智能交通领域，通用人工智能技术的应用可以实现智能驾驶和交通管理，从而改变整个交通运输行业的商业模式和生态系统，这种创新带来的质的飞跃将为智能经济的发展带来更大的推动力。通用人工智能的便捷性和更灵活部署的特性，使得更多的中小企业和个人能够积极参与到智能经济中来。随着通用人工智能技术模型的开放和开源合作，为智能经济带来了更多的可能性和潜力。而随着通用人工智能的不断演进和应用，智能经济也将迎来更加繁荣和可持续的发展。

通用人工智能的普及将逐渐推动智能经济在整个经济中的占比提升，进而影响整体经济结构、经济形态。通用人工智能技术依赖于大数据、云计算和物联网等数字化技术的支持，而数字经济的蓬勃发展又为通用人工智能的应用提供了更广阔的数据基础和商业机会。著名经济学家、万博新经济研究院院长滕泰博士指出，人工智能对经济增长的影响，不应该完全体现在增加值的增量上；对经济增长模式的变化是革命性的，对人们的生活福利提高是巨大的。通用人工智能技术对经济的影响与传统不同，人类主观认知通过机器智能作用于经济，将比传统体系下的影响力更大，对经济预测带来的挑战更大。在通用人工智能时代，以数据智能为基础的信息财富反过来作用于物质财富的创造，人工智能通过大数据的分析和挖掘能力，可以从海量的信息中提取有价值的市场洞察和知识，智能系统通过自主决策和执行，实现对生产流程、供应链和资源分配的精确管理及优化，并根据实时数据和环境变化做出快速反应，调整生产及运营策略，提高效率和灵活性，这种智能决策和执行能力可以使生产主体更加高效地利用资源，实现财富创造的最大化。

二、通用人工智能对社会和就业的影响

通用人工智能将对全球产业结构产生巨大影响，一些传统行业将被淘汰或者亟待转型升级，而新兴行业将得到快速发展，并带来全球劳动力市场的重构。一方面，通用人工智能在许多领域中可能会替代某些重复性、低技能或机械化的工作。例如，在制造业、金融业、医疗保健等行业中，有些传统、重复率高的工作可能会被机器替代。通用人工智能的发展在某种程度上可能会引发白领的就业危机，许多白领工作存在被自动化和机器学习技术替代的可能。例如，一些需要进行大量数据处理和分析的工作，如财务和电子商务行业中的金融分析师、数据分析师等工作，可以使用机器学习和自然语言处理技术通过自动化完成，这种情况下，可能会出现一定程度上的就业危机。另一方面，通用人工智能也将创造新的工作机会。例如，人工智能本身就需要专业人才进行开发和维护，参照历史上互联网、移动通信和大数据技术的发展，涌现出了如数字营销、电子商务等新兴产业。这些新兴领域的发展，使得新的就业机会逐渐增加。人工智能是否会带来就业危机，取决于其应用领域和其他诸多因素。因此，人工智能对

就业形态的改变需要政府和社会为受影响的群体提供更多支持和保护。

在通用人工智能时代，教育和培训扮演着关键的角色，同时也对高素质的专业人才提出了更高的要求。教育和培训机构应当根据通用人工智能的发展趋势调整课程设置，为学生提供与人工智能相关的教育和培训，包括人工智能的基础理论、算法和编程技术等方面的学习，以及与人工智能相关的领域知识和技能的培养。此外，还应注重培养学生的创新思维、解决问题的能力及团队合作精神，以应对日益复杂的人工智能应用环境。除教育和培训行业外，政府、企业和学术界也需要共同努力，提供支持和机会，以培养和吸引高素质的人工智能专业人才。政府可以通过制定相关政策和投资，鼓励人工智能领域的研究和创新。企业可以提供实习、培训和就业机会，与教育机构建立合作关系，培养人工智能人才。学术界可以开展前沿研究，培养学术领域的人工智能专家。

通用人工智能的广泛应用能够为政府和公民提供更加便捷、高效的服务，有利于社会治理体系和治理能力的提升。通用人工智能技术可以帮助政府公共管理部门进行决策和政策制定，提供更加便捷、高效的公共服务。例如，在城市管理领域，通用人工智能技术可以提高城市交通流畅性、资源利用效率和环境管理；在行政审批过程中，通用人工智能技术能够提升系统处理效率，减少时间和成本；在社会福利和社会保障领域，通用人工智能技术可以做到帮助识别和防范欺诈行为，确保资源的合理分配和公平公正；在公共安全系统方面，通用人工智能技术可以提高治安防控和应急响应能力；在社会治理的创新方面，通用人工智能技术为社会管理部门提供了新的思路和方法。这些应用可以提升政府的治理水平，改善公民生活质量。通用人工智能技术可以提供更加个性化、定制化的公民服务。例如，智能助理可以为公民提供个性化的推荐和建议，智能家居可以提供智能化的居住环境，智能健康监测设备可以提供个性化的健康管理服务。这些应用可以满足公民多样化的需求，提升公民满意度和参与度。

第四节　通用人工智能的挑战、
风险与监管

一、通用人工智能带来的风险和挑战

（一）社会问题

人工智能技术对社会影响体现在多个方面。在社会经济上，人工智能技术可能提高生产力和效率，进而对市场和经济产生巨大的影响。在就业方面，人工智能技术可能取代一些重复性劳动任务，导致一些群体失业或需要重新获得新技能来适应新的就业岗位。在伦理和道德方面，人工智能技术可能带来一系列道德和伦理问题，如自主性、意识、人的关系等，需要进一步探索和解决。此外，人工智能技术对教育和社会的转型也将产生深远的影响，教育和社会将需要更加注重创新和适应性来适应人工智能时代的挑战和机遇。

（二）知识产权问题

对知识产权的挑战主要是涉及智能生成的原创性和版权归属

问题。由于 AI 可以根据大量数据和算法自动生成文字、图像、音频等内容，而这些内容是否可以被认为是原创作品引发了一定争议。此外，在 AI 生成的作品中，版权归属也存在问题，因为作品是由机器生成的，但是机器的制造者、程序设计者等都可能对作品的完成有一定贡献，这也导致此类作品在版权归属上有些模糊。因此，需要建立新的知识产权法规和标准，以确保 AI 生成的作品的版权归属和保护创作人的利益。

AI 创作现在已经相对成熟，可以运用人工智能和人类协作的方式发挥最大的优势。然而，从著作权法的角度来看，AI 创作主要属于重组式创新，缺乏真正的创意。同时，随着 AI 技术的智能化发展，新型版权侵犯问题也严重威胁着整个行业的发展。AI 创作作品面临被他人侵权或者侵犯他人权利的风险，因为若是 AI 想要变得更加智能，就需要大量人类作品的数据库提供创作素材，然而，在目前的著作权法律框架下，未经许可对他人拥有著作权的在线内容进行复制或者网络爬虫爬取等智能化的分析行为可能构成著作权侵权。而科研机构和文化产业机构可以在具备法律授权的前提下进行文本和数据挖掘。

（三）安全和隐私问题

在 AI 技术的发展和应用中，安全问题是不可避免的，现今存在多个方面的安全挑战，包括技术滥用、内容安全、AI 内生安全、用户隐私和身份等。其中，内容本身是一个挑战，因为虚假信息和信息内容安全一直是互联网信息空间所面临的问题因此，我们需要采取措施来保障 AI 的安全性，防止不法分子利用 AI 模型或工具制作虚假信息和进行非法活动。

用户隐私和身份安全的风险。由于大多数训练数据源于互联网，用户的个人隐私数据可能会被泄露。此外，预训练模型的强大推理能力也可能导致用户隐私泄露。随着元宇宙的发展，AI 生成的虚拟形象和数字身份也可能被不法分子盗用或冒充，给用户造成经济损失和人格侵犯。总之，AI 发展的同时也必须采取必要的控制和安全措施，并研发出更多技术手段来确保 AI 技术的负责任应用。

（四）伦理问题

人工智能系统可能会收集和分析大量的个人数据，这可能会导致一些隐私保护问题。例如：人脸识别技术、智能家居、社交媒体应用等。与发展人类文明一样，人工智能创造了一些风险，可能会出现一些错误，或者因意外事件发生导致损失，这些问题也需要被解决以增强人工智能系统的安全性。人工智能可能导致工作流程失控，甚至导致重大损失发生。因此，在使用人工智能时，工单删除审查也很重要。人工智能在预处理、构建模型和制定决策时，往往采用某些特殊的算法和技术，这些算法和技术对决策的依据不透明，这可能导致一些伦理问题。人工智能的进步可能导致一系列道德和伦理问题。例如：人工智能武器、人工智能杀人机器、人工智能造物等。随着人工智能的发展，人类权利和权力结构也可能发生改变。例如：人工智能可能掌握人类的生存和繁荣，通过自由和平等的开发使人类自由自胜等。

二、通用人工智能全球监管政策方向

（一）AGI 时代人机关系定位和监管方向探讨

随着通用人工智能逐步向用户端和各行业渗透，相关隐私保护和安全监管问题成为关注焦点。大型企业出台相关政策要求员工不使用 ChatGPT，全球监管机构持续行动，意大利和加拿大已禁止、调查 ChatGPT 和 OpenAI 等公司。国家互联网信息办公室出台《互联网信息服务深度合成管理规定》和《生成式人工智能服务管理办法》，保障技术的合规性和安全性。OpenAI 的 CEO 山姆·阿尔特曼和名誉教授盖瑞·马库斯（Gary Marcus）提出政府监管机构干预和国际组织应对人工智能的风险。

2023 年 5 月 22 日，OpenAI 的三位创始人，CEO 山姆·阿尔特曼、总裁格雷格·布罗克曼（Greg Brockman）和首席科学家伊利亚·苏特斯科夫（Ilya Sutskever）在公司博客联合撰文，发表了对治理超级智能的看法。文章认为，未来人工智能将超越人类专家的技能水平，既有巨大的好处，也有巨大的风险，需要特殊处理和协调。因此，引导超级智能发展的关键在于协调 AI 的开发工作、国际权威监管和针对超级智能的安全性研究。他们还强调了对于低于一定门槛 AI 模型的发展不应该受到限制。他们认为公司和开源项目应该享有自由地开发这些模型的权利，而无须受到繁杂的监管束缚。最后，他们对于超级智能的发展持谨慎态度，同时也坚信超级智能将会为世界带来更美好的未来。

通用人工时代，人与机器的关系将是一个非常重要而复杂的问题，一是功能区分：通用人工智能和人在功能上具有明显的区别。虽然通用人工智能系统可能在特定任务上表现出与人类相似的智能水平，但它们仍然是基于算法和计算的程序，缺乏人类的情感、意识和主观体验。人类则拥有情感、意识和主观体验等独特的人类特征。二是相互依赖：尽管通用人工智能系统具有强大的计算和决策能力，但它们仍然需要人类提供目标、指导和监督。人类在通用人工智能系统的设计、开发和运营过程中扮演着重要的角色，为其提供数据、训练模型、制定目标和价值观，并解释和评估系统的决策。三是影响力与控制：人类应该保持对通用人工智能系统的决策和行为具有最终的控制权。虽然通用人工智能系统可能能够自主地学习和适应，但人类应该设定明确的界限和规则，确保系统的行为符合人类的期望和价值观。人类应该能够干预和调整系统的行为，以确保其符合伦理和道德准则。四是合作与协作：人类和通用人工智能系统可以通过合作与协作实现更大的价值。人类可以利用通用人工智能系统的计算和决策能力来解决复杂的问题和挑战，提高生产力和创造力。在合作和协作中，人类可以发挥自己的创造性、判断力和情感等特点，而通用人工智能系统可以提供辅助、增强和优化的功能。

人机协作将面临挑战，处理好人机关系需要通用人工智能系统具备透明度、可解释性、人性化设计、责任与安全性、人机协作和共创以及社会接受和参与等特征。

（1）透明度和可解释性：通用人工智能应该能够解释其决策和行为的原因，以便与人类用户建立信任和理解。透明度和可解释性可以帮助人们理解通用人工智能系统是如何得出特定的结果和建议的，从而更好地与其进行合作和互动。

（2）以人为本的设计：通用人工智能系统应该以人类的需求和习惯为基础进行设计，以便与人类用户更加自然和无缝地进行交互。这包括使用直观的界面、自然语言处理和情感识别等技术，以提供更好的用户体验。

（3）责任与安全性：通用人工智能系统需要具备一定的责任感和安全性，以确保其行为不会对人类用户造成伤害或损失。这包括确保系统的决策和行为符合伦理和法律要求，以及采取措施来防止恶意使用或滥用。

（4）人机协作和共创：通用人工智能应该与人类用户建立紧

密的合作关系，共同完成任务和解决问题。这需要建立开放和互动的沟通渠道，以便双方能够分享知识、经验和意见，并共同改进和优化系统的性能。

（5）社会接受和参与：通用人工智能的开发和应用需要考虑社会的接受度和参与度。这意味着需要建立广泛的讨论和合作平台，让各方能够参与到决策和规范的制定中，确保技术的发展符合社会的期望和价值观。

（6）用户参与和反馈：用户参与是建立良好人机关系的关键。通用人工智能系统应该为用户提供参与和反馈的机会，使其能够对系统的功能和性能进行定制和改进。用户的反馈和需求应该被充分考虑，并反映在系统的设计和更新中。

（7）社会伦理和价值观：通用人工智能系统应该遵循社会的伦理准则和价值观，确保其行为和决策不违背人类价值观和道德原则。这包括尊重个人隐私、保护用户权益和避免歧视等方面。

（8）安全和隐私保护：通用人工智能系统应该具备强大的安全性和隐私保护机制，以确保用户数据的安全和隐私不受侵犯。系统应该采取必要的安全措施，防止未经授权的访问和滥用。

（9）法律和监管框架：为了处理好人机关系，需要建立适当的法律和监管框架，以规范通用人工智能系统的开发、部署和使用。这样可以确保系统的合规性和公平性，并为用户提供法律保护。

（10）设定明确的界限：确保通用人工智能系统在特定领域内发挥作用，并设定明确的界限，避免系统过度依赖或替代人类决策和行动。明确界限可以帮助人机之间的分工合作，并保留人类的决策权和责任。

（11）教育和培训：提供关于通用人工智能技术和应用的教育和培训，帮助人们了解系统的潜力和限制。通过教育和培训，人们可以更好地理解和适应通用人工智能系统，发展与之合作的必要技能和意识。

（二）各国家和地区人工智能监管政策及方向

1. 中国

2017 年，国务院印发《人工智能发展规划》，提出了发展人工智能的目标和建议，并明确了加强人工智能伦理研究的重要性。《人工智能伦理与治理研究报告》于 2019 年发布，该报告提出了人工智能伦理和治理的原则及建议，为相关部门制定规范提供了参考。2021 年 7 月，中国国家标准化管理委员会颁布了《人工智能标准化白皮书》国家新一代人工智能治理专业委员会发布《新一代人工智能伦理规范》等标准，规范了人工智能应用的道德和伦理要求，保护了公众利益和个人隐私。在国家层面，成立了人工智能标准化工作组和人工智能行业专家委员会，负责制定人工智能标准和伦理规范，加强人工智能安全性研究等工作。

中国的 AI 监管政策主要着眼于推进 AI 安全和伦理规范化、确保个人隐私保护、规范 AI 产品开发和使用行为，既要保证技术创新，也要保证公共安全和社会稳定。《中华人民共和国网络安全法》中规定了对于网络安全和数据隐私的相关内容，明确了个人信息的收集、使用和保护要求，强化了对数据隐私的保护。在人工智能标准化体系与制度建设上，2018 年由国家标准化管理委员会制定的《人工智能标准化白皮书》中提出了人工智能相关的标准化体系与制度建设，规范、引导人工智能产业的健康发展。

中国加强对生成式 AI 机器人和其他 AI 技术的监管是为了保障数据安全和个人信息隐私，同时防止恶意利用这些技术对社会造成不良影响。其中，《人工智能发展规划（2018—2020 年）》明确规定了对生成式 AI 机器人、AI 语音和语言生成等技术领域的监管，要求加强技术安全、数据安全和隐私保护。《网络安全法》要求网络运营者应当对采用生成式 AI 技术的产品服务，进行信息安全风险评估、安全性测试和应急预案建设等工作，并承担相应的安全保障责任。《个人信息保护法（草案征求意见稿）》规定，生成式 AI 机器人等智能设备应当采取技术措施保护用户个人信息，禁止收集、使用、泄露用户个人敏感信息。

2023 年 4 月 11 日，国家互联网信息办公室发布了《生成式人工智能服务管理办法（征求意见稿）》目的是在规范提供生成式人工智能服务的机构和个人的行为，保障用户的权益，促进市场健康发展。

2. 英国

英国支持创新的人工智能监管方式；强调数据安全和伦理道德与社会责任。英国的监管政策对创新和风险管理做出平衡，并逐渐从非法定转向法定。最近发布的《支持创新的人工智能监管方式》政策文件为人工智能发展提出了五项原则，但暂不将其置于法律框架下去运作。为了避免对创新的阻碍，这些原则将在非法定基础上发布并由现有监管机构实施，在经过一段时间的评估后再决定是否立法。为了保证风险评估的一致性，英国政府计划建立中央风险职能部门，由行业、监管机构、学术界和民间社会的专家共同管理，作为政府与监管机构之间的桥梁，制定监管方案，并接受监管机构信息，更新监管要求。关于经济与人工智能跨领域风险等级的草案也在制定更新阶段，政策还在不断完善。

此外英国在人工智能监管上的主要政策还有《数据保护法》（Data Protection Act），该法案规定了组织在使用人工智能技术时应遵守的数据保护标准，包括个人数据的收集和使用，以及消费者数据的安全和保护；《人工智能协作中心》（AI Collaboration Centre）旨在促进英国政府、企业和学术界之间的合作，推动人工智能技术的发展和应用；《数字服务税》（Digital Services Tax）

规定了数码企业在英国的收入纳税的新规定，旨在防止大型科技公司逃避纳税。

目前，英国尚未颁布具体的法案或政策来监管生成式 AI 技术。不过，英国政府已经开始在这个领域进行相关研究，以便制定相应的规定和指南。同时，一些非政府机构和专家已经就 AI 的监管提出了一些建议和意见：英国"延迟生育"委员会建议，所有使用自动化技术进行决策的系统，都应当公开透明和可解释。英国金融市场行为监管局（FCA）也在 2018 年提出了 AI 在金融业中的监管建议，包括要求金融机构对 AI 系统进行充分测试和评估以保证其合规性和风险管理，以及对使用 AI 的机构进行定期监测。2018 年，英国《数据保护法》正式生效，在其中通过"个人资料大数据"这一概念明确了对大数据和人工智能的监管机制，具有非常重要的意义。英国计算机学会（BCS）也提出了一系列 AI 监管的标准和框架，包括数据隐私、透明度、公正性和责任性等方面。未来，随着 AI 技术的不断发展和普及，英国政府有可能会针对生成式 AI 技术颁布更加具体的法规和政策。

3. 欧盟

欧盟在人工智能监管方面已经出台了一些法规和政策，2018 年 4 月，欧盟发布了《自动化和人工智能的伦理指南》，这是欧盟的一项重要倡议，强调了人工智能和自动化应该遵循的伦理原则。2018 年

5 月，欧洲委员会发布了《欧盟数据保护新法规》(GDPR)。这项法规要求企业在处理和使用个人数据时保护用户权利。2019 年 4 月 8 日，欧洲委员会发布了《欧盟人工智能伦理指南》，该指南提供了一套道德和法律框架，旨在帮助欧盟成员国和企业实现人工智能发展的同时，保护公民的基本权利和价值。2020 年 2 月，欧洲委员会发布了以人类为中心的人工智能战略，其中提出了一系列措施，以确保发展的人工智能符合欧盟的伦理标准和法规。2021 年 4 月 21 日，欧盟委员会发布了新的人工智能法规，旨在管理和防止针对欧盟公民的不公平和有害的人工智能应用。该法规规定了对高风险人工智能系统进行审查和授权的程序，并禁止某些使用情况，例如用于社会排斥、操纵公民等。

对于生成式人工智能，意大利成为第一个禁止 ChatGPT 的国家，但后来态度有所缓和。2023 年 3 月底，意大利个人数据保护局封禁 ChatGPT，并对其隐私安全问题展开调查。然而 2023 年 4 月 2 日，意大利副总理批评禁用 ChatGPT 可能会损害国家的商业发展和科技创新，希望尽快找到恢复 ChatGPT 在意大利使用的解决方案。同年 4 月 12 日，意大利数据保护局发布了一个清单要求，如果 ChatGPT 在 4 月 30 日前能满足就可以恢复运行。在欧洲议会准备提交的《人工智能法案》中，要求 AI 产品明确公布训练时大模型使用受版权保护的数据的情况，要求开发者承担责任，采取了基于风险程度对 AI 系统进行分类管理的监管思路。

目前欧盟尚未就生成式 AI（例如生成式对话模型、生成式语言模型等）制定具体的法律监管措施。但近年来，政策制定者和学者已经开始将注意力投向这个问题，并正在探讨这些技术可能会带来的法律和道德挑战，以确保这些技术与人类价值观相一致并保护公共利益。一些欧盟成员国已经出台了类似法规、声明或指南，用于指导本国的人工智能技术研发和使用，其中一些法规包括 2019 年 4 月，法国政府由于特别关注在选举中使用虚假信息的问题，因此实施了一项《打击虚假信息法》，规定所有在线平台都必须公开透明其广告客户的标识、组织结构和所在地，以减少虚假信息散播。2019 年，德国联邦经济和能源部组织制定了《道德指南——关于自主系统的道德原则》，旨在促进在不损害公共利益前提下安全和负责任地使用 AI。欧盟 AI 伦理团队也在 2018 年发布了有关 AI 伦理的非约束性意见，包括各种利益相关者应考虑的道德问题，以及可实施性。

4. 美国

人工智能风险管理框架确立，美国目前还没有一项全面的人工智能监管法案，但根据不同行业的需求和政府部门的职责，已经出台了一些相关的政策和指导性文件。美国劳工部发布的《21 世纪职业技能行动计划》于 2016 年推出，旨在促进劳动力就业机会和技能培训，确保工人准备应对未来的人工智能挑战。美国交通部发布的《自动驾驶测试指南 2.0》于 2017 年颁布，为自动驾驶汽车的测试提供了指导和建议。白宫于 2018 年发布的《人工智能战略计划》指导联邦政府在人工智能领域投资、促进科研和创新、确保劳动力准备就绪等。美国食品和药物管理局（FDA）于 2019 年发表《人工智能／机器学习软件作为医疗设备的安全与有效性指南》，指导医疗设备制造商和开发人员如何开发和使用人工智能软件。需要注意的是，这些政策和指导性文件在实践中的效果还需要进一步评估和完善。同时，未来美国政府还可能会推出更加全面的政策。

美国人工智能风险管理框架 1.0 于 2019 年 5 月颁布，主要内容包括以下三个方面。一是识别和评估人工智能应用程序的风险，包括技术和非技术风险。二是为风险制定管理策略和监测措施，选择并采用适当的技术来降低风险。三是实现透明度和可解释性，使决策者能够了解人工智能应用程序的决策依据。而美国人工智能风险管理框架 2.0 于 2021 年 5 月发布，主要内容包括以下四个方面。一是将风险管理作为一个持续的进程，并将其纳入人工智能应用程序的整个生命周期中。二是涵盖风险评估、风险管控、透明度和实时监测的四个组件。三是强调可解释性是人工智能应用程序的重要特性，以避免不公平、不当或不可接受的行为。四是鼓励国际合作和知识共享，以共同解决人工智能风险问题。美国人工智能风险管理框架 1.0 和 2.0 都是为了帮助行业和政府将人工智能应用程序的风险最小化。随着人工智能的迅速发展，未来可能还会出现更多版本的风险管理框架来适应新的技术和应用场景。

（三）大力发展监管科技助力风险监管

为了有效监管通用人工智能的发展和应用，除了监管政策外，还需要大力发展 AI 监管工具和建立 AI 安全数据库。

AI 监管工具可以帮助监管机构更好地监测、评估和管理人工智能系统，以确保其符合法律、伦理和安全标准。通过大力发展 AI 监管工具，我们可以更有效地监管通用人工智能的发展和应用，保障其安全性、可靠性和合规性，从而实现人工智能的可持续发展和社会价值。关键领域监管工具包括以下五个方面。一是 AI 审查工具，开发基于机器学习和自然语言处理的工具，能够自动分析和审查人工智能系统的算法、数据集和决策过程。这些工具可以帮助监管机构对人工智能系统进行全面的审查，发现潜在的偏见、安全漏洞和合规性问题。二是数据监测和分析，建立强大的数据监测和分析能力，对人工智能系统的数据集进行实时监测和分析。这可以帮助监管机构识别数据质量问题、隐私风险和数据滥用情况，确保数据的合规性和安全性。三是可解释性和透明度工具，研发能够解释人工智能系统决策过程的工具，提供决策的可解释性和透明度。这些工具可以帮助监管机构理解人工智能系统的工作原理、决策依据和影响因素，从而更好地评估其公正性和合规性。四是安全漏洞检测和防护，开发专门的安全漏洞检测和防护技术，以应对人工智能系统可能面临的安全威胁。这包括对恶意攻击、数据篡改和模型欺骗等进行实时监测和防护，确保人工智能系统的稳定性和安全性。五是隐私保护和数据控制工具，研究和开发隐私保护和数据控制的技术，确保人工智能系统在处理个人数据时遵守隐私法规和保护措施。这包括数据脱敏、数据加密、数据访问控制和匿名化等技术，以保护用户的隐私和数据安全。

AI 安全数据库包含大量漏洞和攻击样本，可用于帮助研究人员和安全专家开发和测试防御 AI 攻击和欺骗的技术，提供了全面的 AI 安全测试资源，推动 AI 安全技术的发展和应用，并为日益普及的 AI 技术提供更为健康和稳定的环境。AI 安全数据库的内容主要包括以下五个方面。一是安全漏洞和攻击案例，记录已知的 AI 系统安全漏洞和攻击案例，包括恶意攻击、数据篡改、模型欺骗等，以便研究人员和开发者能够了解这些风险并采取相应的安全措施。二是数据集和模型的安全性评估，记录对不同数据集和模型进行的安全性评估结果，包括数据集的隐私性、数据采集过程中的偏差和歧视性，以及模型的鲁棒性和可解释性等方面的评估。三是安全防护和防御策略，收集和整理 AI 系统安全防护和防御方面的最佳实践、方法和策略，包括模型监测、异常检测、数据过滤和加密等技术手段，以帮助开发者和决策者提高 AI 系统的安全性。四是法律、伦理和隐私问题，记录与 AI 系统相关的法律法规、伦理准则和隐私政策，以及各个国家和地区对于 AI 安全方面的监管要求和政策，帮助开发者和决策者确保 AI 系统的合规性和隐私保护。五是安全教育和培训资源，提供关于 AI 安全的教育和培训资源，包括在线课程、研讨会、安全工具和实践指南等，以提高开发者和决策者对 AI 系统安全性的认识和能力。

AI 安全数据库的建立和维护需要多方合作与参与，包括研究机构、学术界、企业和政府等。要明确建立 AI 安全数据库的目标和范围，确定数据库所涵盖的内容、数据类型和相关领域，例如安全漏洞、攻击案例、防护策略等。收集与 AI 安全相关的数据和信息，包括已发表的研究论文、安全报告、安全漏洞披露、攻击案例、安全防护指南等。确保数据来源可靠，并进行适当的数据整理和分类。对收集到的数据进行标准化和格式化处理，定义数据字段、属性和标签，使其易于搜索、索引和查询，以确保数据的一致性和可比性。同时，要采取适当的安全措施，例如数据加密、访问控制和身份验证，以防止未经授权的访问和数据泄露，确保数据库中的数据安全和隐私保护。并且需要定期更新数据库中的数据，包括添加新的安全漏洞、攻击案例和最新的防护策略，监测和评估数据库的质量，并进行必要的维护和修复。通过提供清晰的使用指南、查询接口和工具，使用户能够方便地访问、搜索和利用数据库中的信息。

附 录

对话 ChatGPT——通用人工智能十问

问题 1：你如何看待 ChatGPT 的横空出世？

ChatGPT：

作为人工智能，我对于 ChatGPT 的"横空出世"并无主观感受，但我可以提供一个客观的分析。

ChatGPT 的出现是人工智能在自然语言处理领域的重大突破。它基于 GPT 模型，可以生成富有连贯性、逻辑性的文本，为我们展示了现代深度学习技术在理解和生成自然语言上的强大能力。该模型被广泛应用于各种场景，包括但不限于聊天机器人、新闻写作、创意写作等。这无疑为人工智能的广泛应用开启了新的可能。

然而，尽管 ChatGPT 的表现令人印象深刻，但我们也需要意识到，它仍然存在许多局限性。例如，它生成的文本可能在语法上正确，但在真实世界的事实或逻辑上可能存在错误。这主要是因为它在训练过程中并未真正理解语言，而只是学习了大量文本中的模式。

综上所述，ChatGPT 的出现是人工智能领域的重大进步，但同时也展示了我们在实现真正的通用人工智能方面还有很长的路要走。

问题 2：通用人工智能的发展经历过哪几个阶段？这一次有何不同？

ChatGPT：

通用人工智能的发展大致可以分为以下三个阶段。

符号主义人工智能阶段：在 20 世纪 50 年代至 70 年代，人工智能的主流方法是基于明确编程的规则和符号逻辑。这种方法强调的是人工智能能够像人一样进行推理和解决问题。

机器学习阶段：在 20 世纪 80 年代至 21 世纪初，基于统计的方法开始主导，机器学习成为人工智能的主流方法。这种方法强调的是从数据中学习模式，不再依赖于明确的规则编程。

深度学习阶段：21 世纪初至今，深度学习成为人工智能的主要技术。深度学习模型可以自动从大量数据中学习抽象的特征表示，极大增强了机器学习模型的性能。

现在我们正在朝着通用人工智能的方向迈进，这是一个全新的阶段。所谓通用人工智能，是指那些在广泛的任务上表现出至少人类水平智能的系统。这一次的不同之处在于，我们不仅希望机器能够从数据中学习出特定任务的模式，而且希望它能够理解和推理世界，能够适应新的任务和环境。

目前的人工智能模型，如 OpenAI 的 GPT 系列模型，虽然在特定任务上有了显著的进步，但在通用智能上仍有很大的局限性，比如缺乏常识理解，无法进行深层次的逻辑推理等。这是当前我们需要克服的主要挑战。

问题 3：通用人工智能的技术是如何演变的？

ChatGPT：

通用人工智能的技术演变可以概括为几个主要阶段，反映了 AI 研究领域的一些主要方法和观念的变化。

符号主义：早期的人工智能研究主要是基于符号逻辑和显式编程规则的。这种方法强调的是制定明确的逻辑规则和操作步骤来模拟智能行为。但它的局限性也很明显，即对于复杂的现实问题，显式编程的方法难以处理。

机器学习：随着统计和概率理论在 20 世纪 80 年代开始流行，人工智能开始向机器学习的方法转变。这种方法不再依赖于明确的规则，而是利用算法从数据中自动提取模式。

深度学习：随着计算能力的增强和大数据的出现，深度学习在 21 世纪初开始崭露头角。深度学习模型如神经网络能够从大量数据中自动学习复杂的特征表示。

强化学习和自我播放：在 20 世纪 10 年代，强化学习和自我播放等技术开始流行。这些技术通过模拟和试错学习，使得人工智能在某些特定任务上超过了人类的性能，如 AlphaGo。

大模型和迁移学习：最近，随着计算能力的进一步提高，训练越来越大的模型成为可能。这些大模型如 GPT-3 能够在一个任务上进行预训练，然后迁移到其他任务上，显示出一定的通用性。

这个过程并没有结束，未来的 AGI 技术可能会包括更先进的学习算法、更有效的知识表示方法、更强大的推理能力等。但是，以我知识库的截止日期（2021 年 9 月）来看，实现真正的 AGI 仍然是一个开放的研究问题。

问题 4：通用人工智能全球产业发展情况如何？

ChatGPT：

至 2021 年为止，全球 AGI 产业正在迅速发展中，许多科技公司、研究机构以及初创公司都在投入资源进行研究和开发。以下是一些主要的发展趋势。

投资增长：随着 AGI 的潜力逐渐显现，全球范围内的投资正在增加。风险资本、私人投资者和政府机构都在加大对 AGI 的投资。

技术进步：现在的人工智能系统已经能够在特定的任务上表

现出人类水平的性能，例如自然语言处理、图像识别、策略游戏等。这些成果展示了我们正在接近实现 AGI 的可能性。

企业参与：许多大型科技公司，例如谷歌、脸书、亚马逊、微软、IBM 以及中国的阿里巴巴、腾讯和百度等，都在积极参与 AGI 的研究和开发。

初创公司的创新：许多初创公司也在 AGI 领域进行创新。例如 OpenAI 就是在这个领域非常活跃的一家公司。

伦理和政策问题：随着 AGI 的发展，伦理和政策问题也开始引起关注。例如，如何避免 AGI 的滥用、如何确保 AGI 的决策公平和透明、如何处理 AGI 可能带来的就业影响等。

总的来说，尽管 AGI 领域的研发仍处于早期阶段，但全球范围内对其的关注和投入正在增加，预示着这个领域有着巨大的发展潜力。然而，实现真正的 AGI 仍然面临许多技术和伦理挑战，需要我们共同努力来解决。

问题 5：美国的 AGI 发展如何？有哪些典型公司典型案例？

ChatGPT：

在通用人工智能的发展方面，美国一直处于全球的前列。有许多公司和研究机构在 AGI 领域进行了突出的工作，以下是一些典型的例子。

OpenAI：这是一家致力于开发友好型 AGI 的研究机构，其目标是确保 AGI 的发展将惠及所有人类。OpenAI 的 GPT 系列模型（例如 GPT-3）在自然语言处理领域取得了显著的成果，该模型已经应用于聊天机器人、文章生成、代码编写等多个领域。

DeepMind：这是一家属于 Alphabet（Google 母公司）的研究机构，其目标是实现具有高度自主性的智能系统。DeepMind 的 AlphaGo 是第一个在围棋上战胜人类世界冠军的人工智能系统，而其后续的产品 AlphaZero 则在多种棋类游戏上达到了超越人类的水平。

Facebook AI：Facebook 的 AI 团队在许多人工智能领域进行了广泛的研究，包括自然语言处理、计算机视觉和强化学习等。他们在多种任务上都取得了一流的结果。

IBM：IBM 的 Watson 是一种强大的问答系统，它在 2011 年的"危险边缘"游戏节目中战胜了人类冠军，展示了人工智能在处理复杂问题上的能力。

这些都是 AGI 研究的一些典型案例，每个案例都在其特定的领域展示了人工智能的强大能力。然而，我们也要明白，尽管这些系统在特定任务上表现出色，但他们还未达到通用人工智能的水平，即在任何智能任务上都能达到或超过人类水平的能力。这仍然是一个开放的研究问题。

问题 6：中国的 AGI 发展如何？有哪些典型公司典型案例？

ChatGPT：

中国在 AGI 领域也展现出了强大的研发实力。以下是一些在中国进行 AGI 研究和开发的典型公司。

百度：百度是中国最早也是最积极投入人工智能研究的公司之一。百度的深度学习研究所（Institute of Deep Learning）以及百度大脑等项目，都在自然语言处理、计算机视觉和自动驾驶等领域进行了深入的研究。

阿里巴巴：阿里巴巴的达摩院是该公司的核心研发机构，进行大量的人工智能研究，包括机器学习、自然语言处理、机器视觉等方向。他们的研究成果广泛应用在阿里巴巴的各类产品和服务中。

腾讯：腾讯 AI Lab 致力于构建未来的人工智能技术，其研究方向涵盖了自然语言处理、计算机视觉、语音识别等多个领域，已经在国际顶级人工智能会议和竞赛中取得了一系列的突破。

旷视科技：旷视科技是一家全球领先的人工智能公司，尤其在计算机视觉和深度学习领域有着重要的影响力。他们的人脸识别技术在全球范围内都有广泛的应用。

这些公司的研究工作都对推动 AGI 的发展作出了重要贡献。然而，与美国的情况一样，尽管这些公司在特定的人工智能任务上取得了一些重要的成果，但在实现真正的 AGI——即在任何智能任务上都能达到或超过人类水平的能力——方面，仍然面临着巨大的挑战。

问题 7：全球通用人工智能未来的竞争格局如何 中美发展的优劣势如何？

ChatGPT：

至 2021 年，AGI 领域的竞争激烈，尤其是在中美两国之间。中美两国都在积极投资 AGI 的研发，并且在各自的优势领域取得了突出的成就。

美国的优势主要在于其强大的科研基础、丰富的投资资源和创新的企业文化。美国的许多大学和研究机构都在人工智能领域有着全球领先的研究成果。此外，硅谷等地的创业生态系统也为 AGI 的开发提供了良好的环境。

中国的优势则主要在于其庞大的数据资源、政策支持和快速的执行力。中国的许多互联网公司有着海量的用户数据，这对于训练复杂的 AGI 模型来说是极其宝贵的资源。此外，中国政府也对人工智能领域给予了大力的支持和优惠政策。

然而，无论是中美还是其他国家，都面临着在 AGI 领域的共同挑战。例如，如何解决 AGI 可能带来的就业影响、如何确保 AGI 的决策公平和透明、如何避免 AGI 的滥用等问题。

在未来，全球 AGI 的竞争格局可能会继续变化，会有新的参与者出现，也会有新的技术和应用被发现。目前来看，中美两国都有着相当的优势，但实现真正的 AGI 仍然是一个开放的研究问题，需要全球的科研工作者共同努力。

问题 8：AGI 与 Web3.0、元宇宙三者的关系如何？

ChatGPT：

AGI、Web3.0（也称为 Web 3 或下一代互联网）和元宇宙是三个相对独立但又相互关联的概念。他们共同代表了未来技术发展的重要方向。

AGI：是指一种能够执行任何智能任务并至少与人类表现相当的人工智能系统。AGI 的目标是创建一种真正理解、学习和应用知识的智能系统。

Web3.0：是下一代互联网的概念，它强调的是去中心化、数据所有权归还给用户以及利用区块链技术来提供透明度和安全性。

元宇宙：是一个全新的虚拟世界，用户可以在其中自由地探索、社交、工作和创造。元宇宙有可能改变我们的生活方式和工作方式。

这三者之间的关系可以从以下三个方面理解。

第一，AGI 可以为 Web3.0 和元宇宙提供强大的智能化支持。例如，AGI 可以用来创建智能的虚拟助手、智能的决策支持系统、智能的数据分析工具等。

第二，Web3 和元宇宙为 AGI 提供了一个全新的应用场景和数据来源。例如，AGI 可以在元宇宙中与人类用户和其他 AGI 系统交互，获取新的数据和知识。

第三，Web3.0 的去中心化特性可能对 AGI 的发展和监管带来新的挑战。例如，如何确保在去中心化的环境中 AGI 的行为符合伦理和法规,如何保护用户的数据隐私等。

总的来说,AGI、Web3.0 和元宇宙都是未来技术发展的重要方向,他们相互关联,共同推动着我们走向一个更加智能、自由和丰富的未来。

问题 9：AGI 下一个 10 年如何演变?

ChatGPT：

虽然预测未来的具体细节总是充满了不确定性,但是我们可以基于当前的技术趋势和研究进展,对 AGI 未来十年的演变提出一些合理的预测。

更强大的模型：随着计算能力的提升和数据量的增长,我们可以预期未来的 AGI 模型将更加强大,能够处理更复杂的任务。同时,模型的训练也将更加高效,可能会出现新的学习算法和优化技术。

更好地理解和解释性：理解和解释 AI 的决策对于构建信任和确保公正性至关重要。未来的 AGI 系统可能会有更强的解释能力,可以让用户理解其决策过程。

更广泛的应用领域：AGI 的应用领域将进一步扩大,可能会覆盖医疗、教育、制造、交通等更多领域。此外,随着元宇宙等新技术的发展,AGI 也可能会在这些新领域中发挥重要作用。

更多的伦理和监管问题：随着 AGI 的发展,相关的伦理和监管问题将更加突出。例如,如何保证 AGI 的决策公平和透明,如何避免 AGI 的滥用，如何保护用户的数据隐私等。

更深入的人机协作：人和 AGI 的协作将进一步加深，AGI 将更好地理解人类的需求和情感，提供更个性化的服务。

全球合作与竞争：AGI 的发展将引发全球范围内的合作与竞争。各国将在研发、应用和监管等方面进行交流与合作，同时也会在这些领域进行竞争。

这些预测是基于当前的技术和社会环境，但未来可能会出现一些意想不到的变化和新的挑战，因此需要我们保持开放和谨慎的态度。

问题 10：AGI 有哪些风险如何进行监管？

AGI 的发展，虽然能带来巨大的潜力和机遇，但同时也伴随着一些重要的风险，主要包括以下四个方面。

一是数据隐私和安全：AGI 系统需要大量的数据来学习和提升，这可能会涉及用户的个人信息。如果不当管理，可能会导致数据泄露和滥用。

二是不公平和歧视：如果 AGI 系统的训练数据包含了不公平或歧视的成分，那么它的决策也可能会带有这些成分。例如，如果一个 AGI 系统的训练数据主要来自某一特定群体，那么它可能会对这个群体的需求和情况理解得更好，而对其他群体则理解得不足。

三是可解释性和透明度：AGI 系统的决策过程往往很复杂，

很难让人理解。这可能会导致缺乏信任和接受度，也可能让监管变得困难。

四是就业冲击：AGI 系统可能会替代一些需要人工智能的工作，这可能会对就业市场产生冲击。

为了应对这些风险，可以从以下四个方面进行监管。

一是数据保护：建立严格的数据保护法规，保障用户的数据隐私和安全。对于违反数据保护法规的行为，要进行严厉的惩罚。

二是公平性和透明度：要求 AGI 系统的开发者提供透明的决策过程，以及确保其决策的公平性。可能需要建立专门的机构来进行这方面的监管和审查。

三是技术审查：可能需要建立专门的机构来进行 AGI 技术的审查，确保其符合伦理和法规要求。

四是社会保障：对于因为 AGI 带来的就业冲击，可能需要通过社会保障制度来缓解。

以上所有措施都需要全球的合作和协调，因为 AGI 的影响是全球性的，不可能仅仅由一个国家或地区来解决。同时，也需要包括技术、伦理、法律、社会科学等各方面的专家共同参与讨论和决策。

参考文献

1. 卢奇，科佩克 . 人工智能（第 2 版）[M]. 林赐，译 . 北京：人民邮电出版社，2018.

2. 格拉斯纳 . 深度学习：从基础到实践 [M]. 罗家佳，译 . 北京：人民邮电出版社，2022.

3. 米歇尔 . AI3.0[M]. 王飞跃，李玉珂，王晓，等，译 . 成都：四川科学技术出版社，2021.

4. 何勤、李雅宁 . 人工智能经济学 [M]. 北京：经济管理出版社，2022.

5. 阿格拉沃尔，甘斯，戈德法布 . AI 极简经济学 [M]. 闾佳，译 . 长沙：湖南科学技术出版社，2018.

6. 刘志毅 . 数字经济学：智能时代的创新理论 [M]. 北京：清华大学出版社，2022.

7. 刘志毅 . 智能经济：用数字经济学思维理解世界 [M]. 北京：电子工业出版社，2019.

8. 李彦宏 . 智能经济 [M]. 北京：中信出版社，2020.

9. 尼克 . 人工智能简史（第 2 版）[M]. 北京：人民邮电出版社，2021.

10. 徐翔 . 数字经济时代：大数据与人工智能驱动新经济发展 [M]. 北京：

人民出版社，2021.

11. 吴飞 . 人工智能导论：模型与算法 [M]. 北京：高等教育出版社，2020.

12. 李彦宏 . 智能革命 [M]. 北京：中信出版社，2017.

13. 赵妍妍、秦兵、刘挺 . 情感对话机器人 [M]. 北京：人民邮电出版社，2022.

14. 通证一哥 . 你好，ChatGPT 图书 [M]. 北京：机械工业出版社，2023.

15. 布罗克曼 . AI 的 25 种可能 [M]. 王佳音，译 . 杭州：浙江人民出版社，2019.

16. 刘琼 . ChatGPT：AI 革命 [M]. 北京：华龄出版社，2023.

17. 邱锡鹏 . 神经网络与深度学习 [M]. 北京：机械工业出版社，2020.

18. 罗埃布莱特 . 通用人工智能：初心与未来 [M]. 郭斌，译 . 北京：机械工业出版社，2023.

19. 上游新闻 . 聚焦中关村论坛｜《中国人工智能大模型地图研究报告》发布 [Z/OL].（2023–05–28）.https://baijiahao.baidu.com/s?id=1767127700134715492&wfr=spider&for=pc.

20. 澎湃新闻 . 中国 10 亿参数规模以上大模型已发布 79 个，集中在北京和广东 [Z/OL].（2023–05–28）.https://m.thepaper.cn/newsDetail_forward_23259967.

21. 史达 . 基于深度学习的商品图像分类研究与实现 [D]. 北京：电子科技大学，2020.

22. 施政 . 基于多模态图像的目标检测 [D]. 无锡：江南大学，2021.

23. 李百威 . 基于特征融合的图像自然语言描述算法的设计与实现 [D]. 中北京：北京邮电大学，2019.

24. 封面新闻 .30 秒｜特斯拉人形机器人最新成果公布 马斯克透露其将是特斯拉主要长期价值来源 [Z/OL].（2023–05–17）. https://roll.sohu.com/a/676416063_120952561.

25. 机器之心 Pro. 为什么具身智能是通往 AGI 值得探索方向？上交教授卢策吾深度解读 [Z/OL].（2023–01–28）.https://baijiahao.baidu.com/s?id=1756 234286175996844&wfr=spider&for=pc.

26. 机器之心 Pro. 李飞飞划重点的「具身智能」，走到哪一步了？[Z/OL].（2022–06–29）.https://baijiahao.baidu.com/s?id=1736950824984208231&wfr=spider&for=pc.

27. 汪优升 . 基于深度学习的语音识别及其交互应用研究 [D]. 长沙：湖南大学，2017.

28. 陆远刚 . 3D 阿凡达即时通讯系统 [D]. 上海：华东师范大学，2015.

29. 洪天勤 . 电容器外观检测系统中图像处理算法的研究 [D]. 长沙：中南大学，2012.

30. 杨加东，谢明 . 一种基于图像展开与拼接的精密轴承表面缺陷光学检测方法 [J]. 机床与液压，2017.

31. Sébastien Bubeck, Varun Chandrasekaran, Ronen Eldan, et al.Sparks of Artificial General Intelligence: Early experiments with GPT–4[J].arXiv，2023.

32. 章建明，杨艳 . 马克思的幸福思想探微 [J]. 求实，2012.

33. 钟明华 . 试论马克思的历史概念及其理论特质 [J]. 思想理论教育导刊，1999.

34. 陶雪琼 . 人工智能时代人机社会性交互设计研究 [D]. 无锡：江南大学，2020.

35. 杨澜 .《女神喀耳刻》（节选）翻译报告 [D]. 广州：暨南大学，2020.

36. 夏劲，张俊 . 技术哲学视野中的中国传统文化现代性转型 [J]. 武汉理工大学学报（社会科学版），2010.

37. 邱雅芬 . 唐代傀儡戏东传及日本傀儡戏的形成 [J]. 中国文化研究，2010.

38. 陈万求，邹志勇 . 墨家"道技合一"伦理思想 [J]. 求索，2008.

39. 孙俊 . 文化生态学视野下板鹞风筝的艺术呈现与保护传承 [D]. 南通：

南通大学，2016.

40. 刘伟.创新思维中的逻辑方法及其作用研究 [D].湘潭：湖南科技大学，2011.

41. 王丽丽.图论的历史发展研究 [D].济南：山东大学，2012.

42. 刘辉.普遍语言与人工智能——莱布尼茨的语言观探析 [J].外语学刊，2020.

43. 王细荣.莱布尼茨的图书馆学思想及其科学基础 [J].大学图书馆学报，2009.

44. 刘啸霆.理性的僭越：莱布尼茨的哲学和数学 [J].哈尔滨师专学报，1995.

45. 科普兰.图灵传：智能时代的拓荒者 [M].王勇，译.北京：中信出版社，2022.

46. 艾克思.希尔伯特旅馆 [J].学与玩，2014.

47. 郝旭东.辩证逻辑之辨：是逻辑还是哲学？ [J].思想与文化，2022.

48. 王淼，王昊晟，李恒威.普特南计算功能主义的思想来源分析 [J].科学技术哲学研究，2013.

49. 徐令予.图灵："登上"英国 50 英镑新钞的"人工智能之父" [J].金融博览，2021.

50. 杨朝霞.超图嵌入圈问题的近似算法 [D].济南：山东大学，2010.

51. 刘锋.基于互联网智商评测算法的搜索引擎智商测试研究 [D].北京：北京交通大学，2016.

52. 郝钊森.普特南心灵哲学的演进路向——从功能主义到反功能主义 [D].哈尔滨：黑龙江大学，2016.

53. 伞晓辉.计算机科学教育史研究 [D].哈尔滨：黑龙江大学，2009.

51. 王思远.基于卷积神经网络旋转机械故障诊断技术研究 [D].长春：吉林大学，2020.

55. 孙金友.计算机发展简史 [J].学周刊，2014.

56. 姚东旭. 阿兰·图灵——早逝的天才 [J]. 世界文化，2019.

57. 李咏豪. 智能科学技术概述 [J]. 科技风，2021.

58. 胡德良，陈天枭. 人工智能的过去与未来 [J]. 世界科学，2022.

59. 张航. 人工智能道德设计中的伦理精神研究 [D]. 重庆：西南政法大学，2019.

60. 马治国，田小楚. 论人工智能体刑法适用之可能性 [J]. 华中科技大学学报：社会科学版，2018.

61. 袁家宝，汤洪乾. 人工智能在电气自动化控制中的应用 [J]. 中国新通信，2013.

62. 廖雪，张倩. 谈人工智能在电气工程中的应用 [J]. 中国科技博览，2013.

63. 张硕，刘世鹏，高海辰. 人工智能在计算机网络技术中的应用探讨 [J]. 中国宽带，2021.

64. 周振华. 思维的认知哲学研究——基于隐喻、情感与模拟的探讨 [D]. 太原：山西大学，2016.

65. 任婷婷. 人工智能时代刑事责任主体资格研究 [D]. 上海：华东政法大学，2019.

66. 汪庆华. 人工智能的法律规制路径一个框架性讨论 [J]. 现代法学，2019.

67. 朱春旭. 智能机器人侵权责任研究 [D]. 沈阳，辽宁大学，2020.

68. 周万. 人工智能在司法裁判中的应用 [D]. 沈阳：辽宁大学，2018.

69. 赵欢欢. 人工智能化在财会领域的应用与发展趋势 [J]. 营销界，2019.

70. 吴彤. 关于人工智能发展与治理的若干哲学思考 [J]. 人民论坛·学术前沿，2018.

71. 吴存伟. 自动驾驶汽车侵权责任研究 [D]. 北京：中国社会科学院大学，2021.

72. 曾杨，孙全意. 人工智能产品设计伦理探究 [J]. 包装工程，2021.

73. 陈庆霞. 人工智能研究纲领的发展历程和前景 [J]. 科技信息，2008.

74. 马明. 从自组织理论看人工智能的发展 [J]. 科学之友（B 版），2010.

75. 孙熙. 人工智能的哲学审视 [D]. 北京：中共中央党校，2020.

76. 程石. 人工智能发展中的哲学问题思考 [D]. 重庆：西南大学，2013.

77. 陈巍，蒋柯，刘燊，等. 心理学的底层逻辑与框架笔会 [J]. 苏州大学学报（教育科学版），2022.

78. 刘晓静. 中华文明进化的历史逻辑与范式重建——基于新中国成立 70 年的视 [J]. 攀登，2019.

79. 王莉敏. 基于五粒子簇态实现四粒子态的量子隐形传态的研究 [D]. 中天津：天津工业大学，2019.

80. 王武. 数字鸿沟与贫富差距 [D]. 济南：山东大学，2011.

81. 李金华. 第四次工业革命的兴起与中国的行动选择 [J]. 新疆师范大学学报：哲学社会科学版，2018.

82. 孙忠儒. 试论伊德工具实在论 [D]. 广州：华南理工大学，2011.

83. 谭宇宁. 基于循环神经网络的 Web 系统软件老化趋势预测研究 [D]. 太原：太原科技大学，2019.

84. 张军阳. 基于深度学习的图像理解关键问题及实现技术研究 [D]. 长沙：国防科技大学，2018.

85. 王楠，王国强. 智能时代的算法发展 [J]. 张江科技评论，2021.

86. 徐愚. 机器与语言——对人工智能语义问题的探寻 [D]. 北京：中共中央党校，2016.

87. 张荣. 几种鲁棒的智能建模新方法及其应用研究 [D]. 无锡：江南大学，2012.

88. 周爽. 改进的基于有效范围特征选择方法研究 [D]. 上海：华东师范大学，2014.

89. 江浩恒. 密集障碍环境下移动机器人路径规划算法研究 [D]. 北京：北

京邮电大学，2020.

90. 姚伯羽. 运动模型引导下的小型移动机器人目标跟踪 [D]. 西安：西安理工大学，2020.

91. 赵磊. 人工智能恐惧及其存在语境 [J]. 西南民族大学学报：人文社会科学版，2021.

92. 邓琳翠. 基于 CLIPS 内核的嵌入式专家系统工具研究与应用 [D]. 哈尔滨：哈尔滨工业大学，2009.

93. 杨成林. 模拟故障字典技术测点选择问题研究 [D]. 成都：电子科技大学，2011.

94. 刘俊博. 基于机器视觉的铁路钢轨扣件定位与识别方法研究 [D]. 北京：北京交通大学，2019.

95. 汪子尧，贾娟. 人工智能的前生、今世与未来 [J]. 软件，2018.

96. 张耀铭，张路曦. 人工智能人类命运的天使抑或魔鬼——兼论新技术与青年发展 [J]. 中国青年社会科学，2019.

97. 滕文龙. 基于人工智能的医疗诊断系统研究与设计 [D]. 长春：吉林大学，2013.

98. 王国强. 医学人工智能的发展 [J]. 张江科技评论，2019.

99. 王彰. 基于 LVQ 与神经网络的指纹分类对比研究 [D]. 西安：西安石油大学，2020.

100. 王祎. 机器学习的因果关系理论研究 [D]. 南京：南京师范大学，2021.

101. 邵晓非，宁媛，刘耀文，等. 电力系统故障诊断方法综述与展望 [J]. 工业控制计算机，2012.

102. 王恺，王贤琳. 基于贝叶斯网络的 3D 打印产品可靠性评估 [J]. 机床与液压，2019.

103. 崔靖威. 基于深度神经网络模型的虹膜定位和识别算法研究 [D]. 长春：吉林大学，2020.

104. 潘浩东. 基于深度特征融合的通用目标检测算法研究 [D]. 上海：东华大学，2020.

105. 孙静. 基于生成式对抗网络的路面裂缝图像虚拟增广方法研究 [D]. 西安：长安大学，2020.

106. 范邵华. 推荐算法在房源推荐系统中的研究和实现 [D]. 武汉：华中科技大学，2020.

107. 巩固. 基于 Transformer 的生成式对话系统 [D]. 成都：电子科技大学，2021.

108. 蔡苹. 基于神经语言模型的无条件文本生成研究 [D]. 成都：西南交通大学，2021.

109. 荀爽. 基于自然语言处理的威胁情报自动化提取模型的研究与实现 [D]. 北京：北京邮电大学，2020.

110. 张天杭. 基于预训练语言模型的中文知识图谱问答研究 [D]. 长春：吉林大学，2021.

111. 澎湃新闻. 北京智源发布悟道 3.0 大模型，院长黄铁军：实现 AGI 有三条路线 [Z/OL].（2023–06–10）.https://baijiahao.baidu.com/s?id=1768303227882963405&wfr=spider&for=pc..

112. 澎湃新闻. OpenAI CEO 首次在中国演讲：杨立昆反击 5 年内 GPT 将被抛弃 [Z/OL].（2023–06–12）.https://www.thepaper.cn/newsDetail_forward_23435071.

113. 王晨曦. 基于 GPU 加速和多项式映射的光学图像三维重建技术研究 [D]. 武汉：湖北工业大学，2018.

114. 任毅，吴瑶，谭希. 人工智能技术对成人自主学习的影响 [J]. 中国成人教育，2019.

115. 金融界. 全员提效的数字办公全家桶 WPS365 与用户共创办公新模式 [Z/OL].（2023–05–31）.https://baijiahao.baidu.com/s?id=1767402227934303575&wfr=spider&for=pc.

116. 新民晚报.这份"数字办公生态共建计划"面向优质生态伙伴聚焦十大行业 [Z/OL].（2023-05-31）.https://baijiahao.baidu.com/s?id=1767409149364299141&wfr=spider&for=pc.

117. 科技日报.第七届世界智能大会大咖共话智能科技发展新趋势 [Z/OL].（2023-05-19）.http://stdaily.com/index/kejixinwen/202305/52b4f1904a584e0794874accc66ad1e7.shtml.

118. 新民晚报.中"关"察丨中国 AI 大模型地图发布 上海处于第一梯队 国内大模型人才普遍不足 [Z/OL].（2023-05-29）.https://baijiahao.baidu.com/s?id=1767188854056862808&wfr=spider&for=pc.

119. 姚勇强.单阶段目标检测与跨数据集训练技术研究 [D].北京：北京邮电大学，2020.

120. 孙鹏.基于改进 SSD 模型的小目标检测研究 [D].南京：南京邮电大学，2021.

121. 董晨西.基于深度学习的短文本自动摘要方法研究 [D].北京：北京邮电大学，2019.

122. 史建新.超导量子比特的纠缠及宏观共振隧穿研究 [D].南京：南京大学，2017.

123. 郑建国，覃朝勇.量子计算进展与展望 [J].计算机应用研究，2008.

124. 梁华.人工智能的电气工程应用 [J].计算机产品与流通，2017.

125. 张兆翔，张吉豫，谭铁牛.人工智能伦理问题的现状分析与对策 [J].中国科学院院刊，2021.

126. 庞硕.有关我国人工智能安全与伦理标准制定的思考 [J].标准科学，2021.

127. 刘梦杰.我国人工智能新阶段的基本格局和动力机制 [D].郑州：河南大学，2020.

128. 雷静，王佳胜.基于关键要素的人工智能标准化研究 [J].标准科学，2018.

129. 腾讯科技. 陆奇最新演讲实录：我的大模型世界观 [Z/OL].（2023–04–23）.https://mp.weixin.qq.com/s/_ZvyxRpgIA4L4pqfcQtPTQ.

130. 经济观察报. 现有的各种预测都低估了人工智能对经济的影响 [E/OL].（2023–06–14）.https://baijiahao.baidu.com/s?id=1768636202396576876&wfr=spider&for=pc.

131. 王思宇. 好莱坞人工智能科幻电影的发展特征 [J]. 电影文学，2018.

132. 张辉，李蕾，等. 窦猛汉、方圆. 量子计算与人工智能 [J]. 自然杂志，2020.

133. 高奇琦. 中国式现代化探索智能文明新形态 [J]. 中国社会科学报，2023.

134. 中国信通院. 人工智能白皮书（2022 年）[R]. 2022–04.

135. 赛博研究院. 赛博研究院. 美国信息技术与创新基金会 | 10 项不损害人工智能创新的监管原则 [Z/OL].（2023–03–09）.http://news.sohu.com/a/651998085_120076174.

推荐语

（按推荐人姓氏笔画排序，排名不分先后）

通用人工智能作为人工智能的下一个重要里程碑，拥有更高级别的智能和更广泛的应用能力。广联达一直致力于推动建筑与工程行业的数字化转型和智能化应用，通用人工智能在项目管理、设计优化、风险控制等方面具有巨大潜力，将为我们的客户和合作伙伴带来更高效、精确和可靠的解决方案。《通用人工智能》一书将帮助我们理解 AGI 的潜力、应用和道德考量，为我们在建筑与工程领域的创新和发展提供新的思路和启示。我相信，《通用人工智能》一书将成为一本引领时代的重要著作！

刁志中　广联达董事长

在全球产业数字化和智能化大背景下，《通用人工智能》一书的出版正当其时。AI 的进步助力了数字化转型，内外部的数据 + 行业应用，在人工智能技术的推动下，提升了决策的智能化、应

291

用的智能化和产业制造业的自动化。AI 给产业经济插上翅膀，提升了企业的核心竞争力。

于英涛　紫光股份董事长兼新华三集团 CEO

人工智能源于一群科学家在自由的环境下分享思想，激发无穷的创新。通用人工智能和遥感技术的结合，也必将催生新的遥感应用领域，促进遥感技术应用的变革，让遥感应用真正服务大众，走进生活。《通用人工智能》的出版，恰逢其时，值得人工智能从业者，以及遥感专业从业者认真拜读。

王军　航天宏图副总经理

易欢欢是我多年的好友，他一直活跃在券商、风投等资本市场前沿，也一直是科技研究和投资的引领者，从元宇宙到人工智能，欢欢无疑是国内最深入的研究者和实践者。

曾几何时，人工智能还只是存在于科幻作品中的想象。忽如一夜春风来，千树万树梨花开。在 2023 年的春天，人工智能展现出无与伦比的智慧，颠覆了人们的认知，以不可阻挡之势进入到了我们的产业和生活，并重新定义了一个伟大的时代。

这翻天覆地变化的背后，是人工智能研究半个多世纪的探索历程和积淀。早在 1956 年达特茅斯会议创造 "Artificial Intelligence"（人工智能）这个词汇之前的 1950 年，艾伦·麦席森·图灵就发表了论文《计算机器与智能》，由此诞生了著名的图灵测试；由斯坦福研究所研发的首台智能机器人 Shakey 在 1968 年就已经问世；2014 年则诞生了首台通过图灵测试的聊天机器人。

但与此前几次人工智能的热潮相比，此次人工智能的突破更加令人震撼。因为它从前沿的科学研究方向变得更加通用，或者说变得对日常工作生活"有用"：无论是文章的撰写、程序代码的矫正还是图片的自动生成等，一系列切实可行的应用场景让人工智能不再是昙花一现的谈资，而是对生活的切实改变，对生产力的切实提升。作为金融界的资深从业者，深刻感受到人工智能不仅仅是投资的热点，更是未来产业发展的方向。人工智能"有用"到可以对这个世界的经济、工业、文化、教育等几乎所有领域都产生重大的革命。

在当下的时点来看，研究人工智能的"通用性"远比研究其本身更有意义，这也是我给大家推荐这本书的原因。该书站在全球视角下展望通用人工智能的发展机遇与挑战，同时深入结合 AGI、元宇宙、大数据等相关领域，可以说是业界第一本全面、系统阐述通用人工智能的作品。从这个角度讲，《通用人工智能》既是历史成果的总结，又是开启下一阶段人工智能发展大门的钥匙。

王明德　公募基金益民基金总经理

《通用人工智能》是一本恰逢其时的力作，紧密关注当前人工智能领域的趋势和发展。作者凭借深厚的专业知识和独到的观点，带领读者探索通用人工智能的无限潜力与广泛应用。在这个新技术日新月异的时代，这本书为产业专家和对人工智能充满兴趣的读者提供了深度洞察和启发，是绝对值得一读的一本书。

王欣　彩信股份副总裁、董事会秘书

人类历史发展过程是生产力工具的探索与使用，但以往我们的生产力工具都是"身外之物"，人工智能是人类开启探索人类自身智力工具的新篇章，人工智能将以前所未有的形式与人类共同探索未来新世界。通用人工智能是人类开启"自身智慧"工具的起点，将有望迭代开启人与自然，人与宇宙，人与时空生存方式的新范式。《通用人工智能》正是站在人类历史新时代风口节点，业界第一本全面系统从全球角度来展望通用人工智能发展机遇与挑战的惊世之作。

王健辉　东兴证券资管部

《新时代价值投资》工作室负责人、投资经理

易欢欢总团队对产业趋势的前瞻洞察非常出色，从元宇宙到人工智能，总是能及时地踩准重要时代产业趋势，并且看到产业的长期机会，填补该产业方向的研究空白，对市场的研究工作很有参考价值。

毛云聪　海通证券传媒互联网首席分析师

和作者认识是在互联网进入"iPhone 时刻"，一转眼，现今我们又站在一个变革新时代。相比从模拟到数字以及互联网时代，通用人工智能的影响会更加深远和广阔，因为它是连接万物的关键，也是解决大数据应用的关键一环，更是链接信息数据到智能设备（汽车、机器人）的核心灵魂。通用人工智能和新能源技术也将是下一个康波周期的工业革命所在。期待作者能够带领广大读者一起踏上 AI 浪潮之巅。

文浩　清华大学计算机博士，曾多年担任新财富

金牌传媒互联网分析师，天风证券前副所长

人工智能是当今时代的一个热门话题，它已经在各个领域和行业中发挥着重要的作用。《通用人工智能》这本新书将带领我们探索通用人工智能的奥秘，也将激发我们对通用人工智能的兴趣和好奇心。我期待这本书的出版，也期待着通用人工智能时代的到来。

叶俊英　易方达基金原董事长

从铁器时代到蒸汽时代、电气时代，再到后来的信息时代，如今人类文明即将迈入人工智能时代。随着国家政策的大力推动以及 ChatGPT 的问世，我国各行各业对于通用人工智能的需求将迎来进一步增长。《通用人工智能》这本书以多维的角度，深度剖析了人工智能行业发展的历史背景、现状分析，以及未来的发展路径，是国内首部关于通用人工智能的佳作。

付国义　淳中科技副总经理兼董事会秘书

通用人工智能是人类追求的一个梦想，它能够让机器具有和人类一样的智能和能力，从而解决各种复杂的问题和挑战。《通用人工智能》这本书将让我们了解它的发展历程和未来前景。这是一本值得期待的书籍，它将为我们打开一个全新的视野，让我们感受到通用人工智能的魅力和可能性。我相信这本书将会引起广泛的关注和讨论，也会激发更多的研究和创新，为通用人工智能的实现和发展做出贡献。

朱烨东　中科金财董事长

在人类文明的进程中，人工智能引发的是史诗级革命，其意义恐怕需要经过几代人才能最终给予全面评价。在人工智能演绎过程中，人们的终极目标是要实现通用人工智能，即进入所谓的"强人工智能"境界：人工智能可以像人类自然智能一样思考和学习，理解语言、感知世界，并具备推理和抽象能力，且人工智能不仅可以适应环境，还可以改变环境。但是，在过去的数十年间，通用人工智能的目标似乎可望而不可即。而近年来的AIGC，特别是ChatGPT所代表的人工智能大模型"狂飙式"的突破与量子科技的平行突飞猛进，终于使人们看到了通用人工智能实现的曙光，以及实现通用人工智能的路径。可以预见，通用人工智能和通用量子科技正在逼近合流，那将是一个伟大的时刻。正是在这样的背景下，田杰华、易欢欢合著的《通用人工智能》一书不仅描述了通用人工智能的演变历史，通用人工智能科学的技术结构和驱动模式，还触及了通用人工智能对未来经济和社会的影响，特别是人工智能的风险特征和监管体系，具有特别的意义和价值。

朱嘉明　著名经济学家，横琴新区
数链数字金融研究院学术与技术委员会主席

　　本书从多维度视角探讨了通用人工智能技术对于未来科技、经济、社会等的深远影响，让我们更深入地理解了人工智能是如何从专用人工智能过渡到通用人工智能。对人工智能感兴趣的读者，无论是研究者、学生或是业界同行，都会从这本书中获益良多。本书对通用人工智能的发展趋势进行了分析判断，对于我们理解和应对未来的机遇和挑战具有重要价值。希望《通用人工智能》这本书能引导我们更好地探索人工智能的未来，为创造一个更加智能和包容的世界作出贡献。

朱德永　汉王科技总经理

　　古希腊伟大的物理学家阿基米德说过："给我一个支点，我可以撬动整个地球。"AGI 也许就是新时代撬开硅基生命智慧涌现的那个支点。如果说围棋是人类智慧的最后底线，那么 AGI 这个人工智能领域的圣杯，将会不断刷新人类智慧的底线和认知。

乔伟豪　中国资本市场著名投资人

社会进步和发展总伴随科技革命，洞察先机才能赢得未来。AI 改变世界的当下，本书能帮你厘清人工智能的发展进程和底层逻辑，兼具现实意义和前瞻性！

任红军　汉威科技集团董事长

《通用人工智能》是一本可以全面了解 AGI 发展历程及其未来各行业应用潜力的作品，在引领我们探索未知的同时，也让我们对 AGI 会带来的挑战有了更深入的认识。通用人工智能技术将给电子设计自动化（EDA）软件行业带来令人振奋的新机遇，AGI 的认知能力和自动化潜力，将加速 EDA 行业创新的步伐，并且在降低开发成本的同时也能够提高产品的可靠性。

刘伟平　华大九天董事长

人工智能正在改变着金融和证券行业的面貌，为投资者和市场参与者带来了新的机遇，也带来新的巨大的挑战。《通用人工智能》这本书深入探讨了通用人工智能的理论、技术和应用，为我们理解和把握人工智能在金融和证券行业的发展趋势提供了重要的参考，并帮助我们思考如何在法规和监管框架下应对新的风险和挑战。

刘健钧　证监会私募部原一级巡视员

通用人工智能的发展对数字经济的影响是深远且具有变革性的。它将为包括电力、供应链管理、金融服务等各个行业提供前所未有的效率提升和服务改进的可能性。同时，随着 AGI 的发展，新的业务模式和商业机会也将不断涌现，潜在的影响和价值难以估量。虽然这也将带来新的挑战，如就业结构的改变和数据安全等问题，但无疑，AGI 的进步将对数字经济的发展产生深远影响。《通用人工智能》一书的出版，有助于读者全面了解通用人工智能，为各行业从业者带来新的思考和启示。

江春华　恒华科技董事长

在这个信息爆炸的时代，通用人工智能已经成为商业和科技领域最引人注目的话题之一。《通用人工智能》是一本有突破性的新书，为读者提供了全面了解和掌握通用人工智能的脉络和知识。本书作者的深刻见解和书中的实用案例将帮助读者更好地理解通用人工智能的发展趋势和应用前景。立思辰一直以技术创新和前瞻性思维而闻名，AGI 和教育的融合已成为我们的研究热点，我们坚信人工智能将为企业和社会带来巨大的机遇和挑战。

池燕明　立思辰创始人

继《元宇宙》系列力作之后，《通用人工智能》一书的出版，既是对全球通用人工智能发展现状的概览，也是对中国迅速追赶的期待，希望能对 AI 产业以及投资圈从业人员有所启发，也期待早日破百万册。

苏雪晶　青骊投资董事长

《通用人工智能》是一本令人叹为观止的著作，作者以敏锐的洞察力和独到的理解，深入剖析了通用人工智能在当今时代和潮流中的重要性。作为一部深度结合了 AGI、元宇宙、大数据等领域的作品，阅读这本书让我深思不已，它激发了我关于未来人工智能如何与设计相融合的无限想象，并启发了我对文旅行业的革新之道。我相信，通过这本书，我们不仅可以探索自身行业在人工智能发展中的角色和路径，还能引领我们走向一个更加智能化的未来。

李方悦　奥雅股份总裁

在以 PC 和移动互联网为主的传统互联网时代，信息和数据的全球流动为世界带来深刻变革。如今，以 AGI 为核心的科技革命在初级信息和数据流动的基础上，正在从原本停留在感知层的信息线上化、数字化，逐渐升级到认知层的计划与行动、推理与决策。这种智能化的质变进阶，未来将会给各行各业带来生产力与生产链条的全新构建，我们正在迎来以 AGI 为核心驱动的新一轮科技革命。

李明华　腾讯原 XR 负责人

祝贺《通用人工智能》的出版发行，为我们提供了系统学习通用人工智能知识的读本。通用人工智能的发展，引领了新一代的产业变革，也给经济社会生活带来了深刻变革。大模型是实现通用人工智能的重要方向，数据质量是提升专业大模型应用价值的核心。大模型将改变数字产业生态。产品设计范式升级，做到创新应用场景、提升产品质效。我们期待与业界同仁共同探讨通用人工智能在各行业的应用落地，共同推动通用人工智能技术创新场景应用。

李党生　拓尔思数字经济研究院院长

科技创新是推动人类文明进步的根本动力。生成式人工智能的突破拉开了通用人工智能时代的序幕，网络安全作为新一轮科技变革的坚实保障，也必将迎来新的挑战与机遇。《通用人工智能》一书为读者全面呈现了 AGI 的历史、技术、文明、生态，以及所带来的各种风险和挑战，也为我们思考网络安全的未来大趋势带来新的启示。

李雪莹　天融信董事长

通用人工智能的大幕正在开启，率先登场的 ChatGPT 已经使所有人大为震惊。作为未来科技的底层基础，通用人工智能将对人类社会的生产和生活产生颠覆式的影响，也必将为 AI 硬件厂商带来无限的商机。

李强　弘信电子董事长

AI 正加速突破索洛悖论，通用人工智能的成熟发展就是一个重要契机。从这本《通用人工智能》中，我看到了 AGI 新时代风来临，它也将成为未来经济驱动全要素生产率的核心动力引擎。

李檬　天下秀数字科技集团创始人、董事长

随着以 ChatGPT 为代表的大型语言模型的爆发，人工智能发展进入了全新阶段，利用 AI 赋能各行业高质量发展成为必要课题。《通用人工智能》一书剖析了通用人工智能的历史、现状与未来，不论是新入行的科技爱好者，还是寻求新视角的行业专家，均能从中得到启发。期待与各界共同探讨 AI 如何作为推动科技跨越发展、产业优化升级的驱动力量，为推动各行业高质量发展注入智慧。

杨成文　久远银海副总经理

人工智能将成为人类历史上第四次里程碑式的科技革命，在解放新生产力的同时，还能够提高全要素生产率。大模型让 AI 发生了一次"范式转移"，也将引领数字经济进一步向 AI 化发展，AI 产业化和产业 AI 化正在创造各种全新行业。AI 也将驱动并重写所有行业模型。先进算力的一体化、集约化、多元化供给是中国版新方案，大数据，大算力，大模型，大科学已经紧扣在一起，构成了"AI 新范式"。"通用人工智能"已经成为不可错过的历史机遇。

杨学平　鹏博士董事长

ChatGPT 在全球的爆火预示着人工智能的发展已迈入新时代，《通用人工智能》的出版恰逢其时。我们欣喜地看到，在 AI 的赋能下，包括创意软件在内的千行百业正迎来前所未有的变革与机遇！期待与业界伙伴共筑 AI 新生态、共赢 AI 新未来！

吴太兵　万兴科技董事长

人工智能的概念由来已久，但从来没有像今天这样贴近我们，ChatGPT 的横空出世让我们来到了人工智能的"iPhone 时刻"，人类的未来何去何从，智能革命的时代您是兴奋还是焦虑？很高兴拜读田杰华与易欢欢先生的最新力作《通用人工智能》，本书从人工智能的历史、当前的技术、未来的变革等多维度解构通用人工智能，书中的论述和观点相信会对您大有启发。站在投资人的视角，智能革命时代的投资机会如雨后春笋，元宇宙、AIGC、人形机器人等各领域都大有可为，积极拥抱创新，快速加入并适应新的时代、新的生产力工具，您会是科技革命的受益者、智能时代的弄潮儿。

吴鸣霄　国鸣资本董事长

在这个充满挑战和机遇的时代，我们不能忽视人工智能所带来的巨大变革。易欢欢及团队所著的《通用人工智能》从Web3.0、元宇宙、通用人工智能三者结合互动的角度给予方向，深入剖析了通用人工智能的概念和应用，以及它在商业、金融和社会各个领域的潜力。该书将带领我们穿越技术的边界，深入探索了通用人工智能在金融服务中的应用和创新。《通用人工智能》无疑是一本引领时代的必读之作，不仅为业内专业人士提供了全面的技术视角，也为广大读者提供了了解人工智能的重要性和影响力的机会。无论你是一名金融从业者、科技爱好者还是普通读者，这本书都将帮助你深入了解人工智能的核心原理和未来发展趋势。我相信，通过阅读这本书，我们将更加深入地了解人工智能的无限潜能。

吴洪涛　天津银行行长

人类创造了人工智能，人工智能终将成就更美好的人类世界，推荐大家阅读田杰华、易欢欢的著作《通用人工智能》，它将帮助你跟上人工智能时代的脚步。

邱鲁闽　数字政通董事、高级副总裁

通用人工智能将是人类科技发展的新里程碑，将重构人与机器之间的相互关系，大幅提高生产力水平，深刻影响经济活动的各个方面。随着前沿人工智能技术不断发展并应用于人类社会的生产生活，通用人工智能的范畴将从狭义的技术逐步外延到社会、经济和哲学层面。在当前，人工智能技术的社会关注度因ChatGPT而不断高涨，本书对通用人工智能的研究、探讨和论述具有深远的意义。

汪敏　开普云董事长

从刀耕火种的农业社会，到钢铁洪流的工业社会，再到日新月异的信息社会，人类社会发展已历经几次巨大飞跃，如今大数据、泛在物联网、泛在计算的广泛应用，正在为人类社会发展的新飞跃——走向智能社会奠定基础。人工智能在这个过程中孕育成长并喷薄而出，这一波人工智能的革命浪潮，必将对人类社会的各行各业产生深远影响。对网络和信息安全行业来说，这是我们前所未有的新机会，也会给网络信息安全威胁的识别、防护、检测、分析、响应各个环节带来深刻变化，相信其他行业从业者也敏锐感知到这一革命化的浪潮将会带来颠覆性力量。

科技进步的速度远超任何人的想象，田杰华的这本新作《通用人工智能》，系统梳理了人工智能的发展和演变，在人工智能影响日益深化的当下，帮助人们快速了解通用人工智能发展的历史和基本技术方向，窥见通用人工智能广阔的未来，以更从容的姿态迎接新的世界。

邹禧典　迪普科技总经理

在地理信息（GIS）领域，通用人工智能技术将提高相关软件的效率和智能化水平，使 GIS 应用能够更准确、更高效地处理和解释地理数据，从城市规划到自然资源管理，为决策者提供了更强大的工具，为地理信息领域带来更广阔的可能性。作为一门颠覆性的技术变革，通用人工智能技术将对各行各业产生重要而深刻的影响。通用人工智能从哪里来，将到哪里去？带着这些问题，我强列推荐田杰华、易欢欢两位的新书《通用人工智能》。

宋关福　超图软件董事长

金融行业作为数字化转型的先锋和中坚力量，较早尝试并广泛实践人工智能，在进一步提升用户和客户体验的方面，通用人工智能势必为越来越多金融场景赋能并得以应用。让我们透过这本书深入了解通用人工智能，迎接虚实融合的数字化世界！

张燕生　新晨科技总经理

《通用人工智能》深入浅出，从技术、文明、应用、历史、生态以及未来发展等多维度向我们展示了通用人工智能的全貌。通用人工智能的发展为人类开启了知识探索的新时代，为各行各业带来诸多新的变革和应用，将深刻改变人类生产生活方式，但同时，新机遇也将带来新的风险和挑战。

陈显龙　恒华科技副总经理

作为数字化时代的"底层操作系统"，AI 大模型的出现将全面加速数字化应用的落地。无论是 To C 还是 To B 领域，未来几年都将会有更多令人惊喜的新应用。而整个科学研究领域也很有可能因为通用人工智能的出现，创新大幅提速，涌现出更多让人类受益的科研成果。当然，因为通用人工智能的出现，也会涌现出很多新工种，"复合型人才"可能会在未来更受欢迎。

武超则　中信建投证券研究所所长，新财富白金分析师

面对任何革命性技术及其可能带来的确定和不确定性影响，人们都会彷徨、惊奇，直至热情拥抱，并将其融入更美好、更高效的生产生活之中。当下通用人工智能也不例外。易欢欢、田杰华撰写的《通用人工智能》一书，全景式解读了通用人工智能的核心概念、技术挑战和工商业应用，对于紧跟时代步伐、适应人工智能发展趋势、更好地把握人工智能机遇、掌握工商业未来的企业家、管理者、技术人员等都会带来愉悦的阅读体验和可资借鉴的启迪经验！

林泽炎　全国工商联副秘书长、经济服务部部长，
中国民营经济研究会副会长、研究员

通用人工智能将在加速推进传统产业向数字化、智能化升级的过程中，成为新一代产业变革的核心，并将带动大规模的产业升级。

易欣　宇环数控副总裁、董事会秘书

iPhone、Tesla，ChatGPT，跨时代的创新产品，引领人类不断前进。

《通用人工智能》，系统阐述人工智能的产业生态，站在时代前沿，提升认知，洞见未来。

周旭辉　东方财富证券研究所所长

由 ChatGPT 掀起的这一波人工智能浪潮还停留在诸如机器对话、文字创作、谱曲、画画、棋牌对弈等等偏意识或纸上层面的领域应用，但即便这类只需动"脑"不需动"手"的领域，也能带来大模型这样的巨大而广泛的产业机会。我们期待汽车智能化、自动驾驶、高精度地图生产、动态数据处理等围绕智能网联汽车的产业链也能尽快迎来多种类的通用人工智能技术，实现由人工智能实际操控物理实物，与人类互动共存。相信田杰华和易欢欢两位业界大咖共著的《通用人工智能》这本新书能开启领域先河，启迪产业资本，带来产业发展。

孟庆昕　四维图新高级副总裁

人工智能时代的到来已经无可阻挡，其带来的价值堪比人类的第二次进化，而带来的灾难也可能比肩核战争，但是无论如何，认真了解人工智能是十分必要的。

赵文权　蓝色光标董事长

当 AI 的时代真正到来的这一刻，我们该如何去面对？当大模型井喷一样涌现的时候，我们如何去洞察它们的价值？《通用人工智能》一书将给你答案。

赵龙　慧辰股份董事长

2023 年正式进入了人工智能时代，随着 ChatGPT 的火爆，人工智能正在彻底改变人类的认知，重建个人、商业以及社会的关系。人工智能正改变着我们的生活。在这场堪比移动互联网的科技革命浪潮中，我们应该尽早了解这场科技革命变革的规律，更好地了解当前人工智能带来的发展机遇及挑战。

读书是人一生的功课，《通用人工智能》这本书是 AGI、大数据、元宇宙的集大成者，本书站在全球的高度，展望当前人工智能带来的发展机遇与挑战，作者详细清晰地介绍了人工智能、大数据、元宇宙背后的关系，成功地将复杂的理论以简单易懂的方式呈现给读者。

胡文忠　中国金沙金融投资论坛创始人

本书为企业在 AGI 的落地应用及创新突破方面提供了宝贵的思路。为中小企业数字化、智能化转型提供了参考，并助力了智能营销时代的到来！

信意安　天地在线公司董事长

《通用人工智能》一书解释和探究人工智能的历史沿革，分析描述了人工智能在各行各业的应用和前景；作者用形象生动、通俗易懂的语言描绘了算法的演讲与未来发展趋势。应成为每一位关注人工智能产业的投资者案头必备。

徐少璞　东方通副总经理

易欢欢总团队一直以来都对人工智能有着非常深入的研究，算力及权力的时代了解通用人工智能已经成为一个公民必须掌握的基本知识，普及推广和深入研究非常有必要，学习更是深有触动。

程成　深圳市君子乾乾投资董事长投资总监

从狭义人工智能到通用人工智能，这部新作将提升我们在类人类、强人工智能行业助跑和领跑的能力，并助力行业大模型、数智自动化、类人类决策、智能流程应用、专家系统等产业的全面深化和发展！

靳谊　榕基软件副董事长、副总裁、首席信息官

以 ChatGPT 为代表的生成式人工智能技术不断演进，引发全球高度关注，标志着人工智能发展进入更加智能、更加通用的新阶段，具有广阔的创新空间和市场潜力。《通用人工智能》一书在此时出版，能够更好地带领我们了解人工智能技术发展的历史脉络，以及从当前"专用人工智能"到实现真正的"通用人工智能"还需要在哪些方面取得突破，为我国发展通用人工智能路径提供了思考和借鉴。

滕达　美亚柏科董事长

很高兴向大家推荐这本瞩目的新书——《通用人工智能》，这本书无疑是探索通用人工智能领域的绝佳指南。我们生活在一个充满机遇和挑战的时代，人工智能正在彻底改变我们的生活和工作方式。本书作者深入探讨了通用人工智能在各个行业中的应用和影响，他以独到的洞察力和实践经验，揭示了人工智能对商业创新、组织变革和社会进步的巨大潜力。《通用人工智能》不仅是一本科技书籍，更是一本引领思考和创新的启示录，它将帮助您更深入地理解人工智能的核心原理、技术挑战和伦理考量。我相信，通过阅读本书，您将更加明智地运用人工智能，为您的企业和社会创造更大的价值。让我们一同迎接智能时代的挑战和机遇！

颜军　欧比特董事长

历经几十年的起起伏伏，"通用人工智能"一直是人工智能研究发展的终极追求，《通用人工智能》一书当然也成为把握人工智能发展脉络的路标指引。

潘柱廷　启明星辰集团首席战略官